上海交通大学海洋工程国家重点实验室
2011高新船舶与深海开发装备协同创新中心
上 海 市 船 舶 与 海 洋 工 程 学 会 组编
国家深海技术试验大型科学仪器中心
上 海 市 海 洋 工 程 科 普 基 地

船舶与海洋开发装备科技丛书

海洋石油钻井与升沉补偿装置

亢峻星 编著

海洋出版社

2017 年 · 北京

内 容 简 介

本书以海上工作实践为基础,从钻井装备和工艺角度把在海上石油钻井如何施工、各类型式钻井平台的施工特点,以自己的切身体会,用图文并茂、通俗易懂的语言和深入浅出的方式告诉广大读者,使之了解海上石油钻井是如何进行的。

书中重点介绍了在海上风浪作用下,为解决钻井装置和工程船舶的上下升沉而设计安装的各类升沉补偿装置,从而回答了人们对在海上风浪作用下如何钻井的疑惑。

最后对我国和世界的海洋石油勘探发展历史、现状和发展趋势也作了简单介绍。

本书是一本了解海上石油钻井的科技读物,适合从事海洋工程、海上石油钻井的科技工作者、管理人员以及广大青少年读者。

图书在版编目(CIP)数据

海洋石油钻井与升沉补偿装置/亢峻星编著 . —北京:海洋出版社,2017. 12
ISBN 978-7-5027-9974-8

Ⅰ.①海… Ⅱ.①亢… Ⅲ.①海上石油开采-船舶运动-补偿装置
Ⅳ.①TE53②U661. 32

中国版本图书馆 CIP 数据核字(2017)第 275588 号

责任编辑:阎　安
责任印制:赵麟苏

海洋出版社　出版发行

http://www.oceanpress.com.cn

北京市海淀区大慧寺路 8 号　邮编:100081
北京朝阳印刷厂有限责任公司印刷　新华书店北京发行所经销
2017 年 12 月第 1 版　2017 年 12 月第 1 次印刷
开本:787mm×1092mm　1/16　印张:14
字数:230 千字　定价:48.00 元
发行部:62132549　邮购部:68038093　总编室:62114335
海洋版图书印、装错误可随时退换

《船舶与海洋开发装备科技丛书》编委会

顾　问　潘镜芙　盛振邦

主　任　张圣坤

副主任　梁启康　杨建民　王　磊

　　　　　汪学锋　柳存根　冯学宝

委　员（按姓氏笔画排序）

　　　　　王　磊　亢峻星　方普儿　叶邦全　冯学宝

　　　　　刘厚恕　李　俊　杨立军　杨永健　杨建民

　　　　　汪学锋　张太佶　张世联　张圣坤　赵　敏

　　　　　柳存根　梁启康　彭　涛　廖佳佳

21 世纪是海洋开发的新世纪。在当今的世界和中国,人们关注着海洋有其特殊的意义。

海洋是生命的摇篮,孕育了人类的文明。人类自古以来就向往、崇拜蓝色海洋,在不断探索中认识、开发海洋,利用海洋。海洋,占据地球表面71%的面积,它蕴藏着丰富的生物、大量的石油、天然气、可燃冰以及锰结核等丰富的资源,以及气候变化、地壳运动乃至基因演变的奥秘。面对这片蓝色的海域,人们充满好奇和探索精神。石油、可燃冰、多金属结核……新奇热闹之外,深海世界还是一个巨大的资源库和基因库。

以石油为例,海洋蕴藏了全球超过70%的油气资源,海底的油气如同在地里的马铃薯一样,等待人类去勘探开采和利用。20世纪70年代起,人类逐渐开发水深500m左右的油气资源。到2003年,海洋油气勘探作业的水深已达到3053m。据估计,全球深海区域潜在石油储量有可能超过1000亿桶。

可燃冰被称为"未来能源"。它是天然气在0℃和30个大气压的作用下结晶而成的"冰块",其中甲烷占80%~90.9%。可燃冰矿藏中所含的有机碳总量,相当于全球已知煤、石油、天然气总和的两倍,可满足人类1000年的需求。但是,目前开采埋藏在深海的可燃冰还面临许多技术上的难题。

正因为海洋是世界各个民族繁衍生息和持续发展的重要资源。因此也就成为国际政治斗争的重要舞台,而海洋政治斗争的核心,是海洋权益,是争夺海洋水域管理权、海洋资源的归属权、海洋交通的控制权,现在已经成为各国综合实力竞争的重要内容,特别是海上油气资源的开发,斗争越加激烈。

为了捍卫海洋权益,开发海洋,建设海洋强国,我们必须关心海洋,认识海洋,经略海洋,推动我国海洋强国建设不断取得新成就。党的十八届五中全会上通过并发布《中共中央关于制定国民经济和社会发展第十三个五年规划的建议》中指出——坚持创新发展,着力提高发展质量和效益。其中强调构建产业新体系,加快建设制造强国,实施《中国制造二○二五》;引导制造业朝着分工细化、协作紧密方向发展,促进信息技术向市场、设计、生产等环节渗透,推动生产方式向柔性、智能、精细转变;支持战略性新兴产业发展,发挥产业政策导向和促进竞争功能,更好发挥国家产业投资引导基金作用,培育一批战略性产业。

在国民经济和社会发展第十三个五年规划建议中,"海洋工程装备和高技术船舶"被列为我国将重点促进十大产业发展之一。由此可见,作为船舶与海洋工程装备的科技人员义不容辞地要担负这一重任。在"大众创业,万众创新"的战略推动下,积极投身这一伟大事业中。

2016年6月1日,国家发展改革改委员会公布了《能源技术革命创新行动计划(2016—2030年)》(以下简称《行动计划》),明确今后一段时期我国能源技术创新的工作重点、主攻方向以及重点创新行动的时间表和路线图。

《行动计划》提出,到2020年能源自主创新能力大幅提升,一批关键技术取得重大突破,能源技术装备、关键部件及材料对外依存度显著降低,我国能源产业国际竞争力明显提升,能源技术创新体系初步形成。

到2030年,建成与国情相适应的完善的能源技术创新体系,能源自主创新能力全面提升。能源技术水平整体达到国际先进水平,支撑我国能源产业与生态环境协调可持续发展,进入世界能源技术强国行列。

《行动计划》部署了15项重点任务。

从以上一系列的文件中不难看出,国家对海洋工程的重视。完全可以相信,在不久的将来,我们一定会把我国建成一个名副其实的海洋强国。

结合当前国内外海洋资源开发利用的情况,船舶、海洋工程装备市场和发展趋势,南海岛屿建设的形势,我们秉承面向广大读者普及海洋工程装备和高技术船舶的知识的宗旨,以实际行动组织业界资深专家和学者编写有关海洋工程装备和高技术船舶的科普读物,以此回馈社会,为提高大众科技素质尽绵薄之力,也以此作为培养青少年向往海洋工程装备和高技术船舶事业有益的尝试。

《海洋石油钻井与升沉补偿装置》的作者,在广泛收集有关资料的基础上,融入长期从事海洋工程装备和高技术船舶科研开发、设计、建造和使用的宝贵经验,以图文并茂,通俗易懂的语音和深入浅出的方式,向广大读者介绍国内外海洋石油钻井发展的历史和未来发展的趋势。特别重点介绍了张紧器和升沉补偿装置的功能、特点和关键技术。其主要目的是回答了读者们提出许多诸如在海上风大浪大的时候,钻井平台怎么打井?船舶在海上有风浪的情况下怎么站得住脚?以及南海的石油勘探开发、岛礁建设、油价涨跌等。

把在海上战风斗浪寻找油气的经历、教训、失败的原因、成功的喜悦写出来,告诉广大读者,让他们一起与我们分享其中的喜怒哀乐;满足人们对海上石油勘探开发的关心,对国家海洋经济的关注;引导大众了解能源供求与自身生活的关联,共同分享我国海洋工程发展的成果,是在海上从事了大半辈子的海洋石油勘探开发者责无旁贷的义务。

本书是一本有关海洋工程方面的科普读物。读者群的主要对象是有关专业的人员、大中学生、管理人员以及其他非海洋工程专业人员。

　　因此,这些作品对广大读者,特别对于刚从事海洋工程装备和高技术船舶专业科技工作者和管理人员以及广大青少年而言,是一本结构紧凑,内容丰富,具有较强可读性和趣味性的科普读物。同时它又可以作为从事海洋工程装备和高技术船舶专业科技工作者和管理人员继续教育的参考教材。

　　我们期待,通过这本科普读物的出版,为培育海洋工程装备和高技术船舶创新人才提供一些帮助,为提升海洋工程装备和高技术船舶创新动力添一把力。

　　值此机会,我们向为了出版该书呕心沥血的作者们、提供各方面支持的单位和个人,表示衷心的感谢。

梁启康

2016 年 11 月 2 日

随着人们对海洋的认识逐步加深,海洋日益显示出其丰富的资源和广阔的活动空间。人类的生存和发展将越来越多地依赖海洋,全面开发和利用海洋的资源和空间,发展海洋经济,已经成为各沿海国家的发展战略。历史和事实已经证明,谁将海洋资源和空间上利用得好,谁就发展壮大,谁就富有,谁就有更多的"话语权"。目前,世界上有100多个沿海国家和地区正在加紧对海洋高新技术进行开发。海洋环境探测、海洋资源调查、海洋油气开发成为世界高新技术竞争的热点,海洋经济也成为沿海国家和地区国民经济新的增长点。

在地球5亿 km² 的表面积中,海洋面积约为 3.62 亿 km²,占总面积的 71%。全世界大陆架总面积 2800 万 km²,约占地球表面积的 5.6%。占海洋面积的 7.7%。根据地质学家的预测,海洋石油、天然气储量约为 1000 亿~2500 亿吨,相当世界探明的陆地总储量的两倍,经济价值约为 10 万亿~25 万亿美元,世界海洋油气产量已占海陆油气总产量的 30%。再加上天然气水合物,大自然给予人类的能源可谓之大宝库。虽然人们利用海底油气已有 150 多年的历史,近海油气勘探开发已到高峰期,但勘探程度还有很大潜力,特别是深水和超深水的油气勘探;天然气水合物还未走上商业开发之路。这就是说,还有许多工作要做,还有许多难题要人们去破解。当然,要充分开发这些宝藏就需要先进的技术和大量的高科技装备。

"实施海洋开发",是党中央发出的指示。这意味着党中央把开发海洋经济提到重要的议事日程上。我们必须按照各项规划实施这一战略举措。

我国经济已经发展成为高度依赖海洋的外向型经济,对海洋资源、空间的依赖程度大幅提高,发展海洋经济、维护海洋权益的任务和责任越来越重,特别是"一带一路"战略的提出,要求我国尽快提升开发海洋、利用海洋、保护海洋权益、管控海洋的综合实力。大力发展海洋经济,建设海洋强国已经成为我国一项重要而紧迫的战略任务。

开发海洋是我国经济持续发展的战略组成部分,开发海上石油是国家能源开发的迫切需要。随着我国经济的高速发展,对能源的需求也相应快速增长。尤其是从 2000 年以来,中国石油的需求成猛增态势,特别是近两年来需求增幅每年达 10% 以上,中国石油的净进口也出现大幅增加。国家能源局发布的数字显示 2009 年我国原油产量 1.89 亿 t,

净进口原油 1.99 亿 t,据此计算我国原油对外依存度约为 51.3%。2010 年,我国原油需求 4.42 亿 t,其中进口原油 2.39 亿 t,对外依存度达到 54%,分别从沙特阿拉伯、安哥拉、伊朗、阿曼、俄罗斯等 46 个国家和地区进口石油。目前,我国油气对外依存度正不断上升,经济的快速发展推动了能源消耗这一刚性需求逐步攀升。中国陆地和近海、浅海的油气勘探开发程度较高,新发现大型油气田的可能性将越来越低,而未来十几年中,中国原油产量增幅有限,石油供求矛盾更加突出。这表明,我们需要大量进口原油,我们对石油输出国的依赖程度愈来愈重,石油对外依存度还会上升,这对我国能源安全提出了严重挑战。石油在国民经济中的作用举足轻重,是关系到国计民生和国家经济安全的战略物资。

为了使我国经济持续稳定地发展,多渠道开发石油来源十分必要。而开采海上石油,扩大海上石油的开采量是必不可少的。

中国具有辽阔富饶的海洋国土,海岸线长达 18000km,滩涂面积 20779km²,大小岛屿有 1 万多个,海岛岸线长达 14000km,专属经济区的海域面积达 300 万 km²。经过初步勘探,我国海域海底油气资源十分可观,中国近海已证实存在莺歌海、琼东南、文昌、东海、渤中深凹区等 5 大天然气富集区,现在正在陆续勘探开发。

相对世界海洋油气勘探,我国起步较晚,海洋勘探开发技术与先进国家相比有一定的差距,深水勘探开发的经验不足。还有许多具体的技术问题需要解决,要充分认识到深海勘探开发的困难。但是,经过改革开放 30 年的发展,我国的海洋石油勘探开发获得了很大的发展。海洋工程发展到今天,遇到了千载难逢的大好机遇,我们船舶、海工制造业要向我国高铁、核电、航天航工等先进装备制造业学习,打造出我们海洋工程的品牌。

我们必须抓住机遇,团结一致,从开发海洋,发展海洋经济,能源需求,维护国家海洋权益,促进世界能源的可持续性发展的战略高度把海洋石油勘探开发搞上去。

目 录

第1章
概述

1.1　海洋石油勘探简史

　　1859年8月下旬的一个星期天下午,美国宾夕法尼亚州泰特斯维尔城一位名叫比利·史密斯大叔的铁匠,在教堂做完礼拜后漫步来到城郊一条叫油溪的小河附近去看他正在打的一口井。在那个年代,钻井工人星期天是不上班的。比利大叔大概想去看看在他做礼拜的时候这口井有没有发生什么变化。他是在4月份开始打这口井的,雇用他的人名叫埃德温·德雷克,外号"德雷克上校",原来是一位火车列车员,这时没有正式工作。他雇用了比利大叔来干一件在美国从来没有人干过的事:在地下钻一口专门为了寻找石油的井。比利大叔来到井旁,发现井里存满了油。我们现在已经无从得知比利大叔当时的感想,但我们知道,德雷克的这口井宣告了开发石油时代的到来。

　　当然,自从德雷克的井出油以来,钻井技术经历了巨大的变化。德雷克的井只有21m深,即便在1859年来说,这也算不上是什么了不起的深度。德雷克"上校"就曾夸口说,如果有必要,他准备钻到300m深。1974年,洛夫伦兄弟公司的32号钻机,在美国俄克拉何马州西南部为孤星产油公司钻的一口井,经过504天的钻进,达到9583.2m的深度,创造了当时的钻井深度的世界纪录,也就是说,还差417m,就向地球垂直钻进了整整10km。打这口井的目的和打那口德雷克井一样,都是为了寻找石油,但所不同的是,这口井却没有打出石油,而是打出了液态硫磺。

　　还有一件事情发生在美国得克萨斯州,时间是1901年1月10日,人物是以安东尼·卢卡斯为首的钻井组。卢卡斯生于奥地利,是一位采矿工程师。这个钻井组从1900年1月27日起就在博蒙特以南6km的纺锤顶井场打井。他们刚把一个新钻头安装在钻杆柱的底端,开始把钻头送向井底。井深311m,钻杆下送了大约213m后,钻井泥浆开始从井中喷射出来,盖满了整个钻台,并且向上冲去,一直穿出井架。过了一阵,泥浆停止喷射,钻井组回到钻台进行清理。突然泥浆又一次喷射出来,紧接着便是石油从井孔喷射上来,一直射到高空,比 18m 的井架还高出 60m!所有的钻杆都从井洞里喷出来,落在井架上和地上,没有人受伤,而且大家都兴高采烈。他们打了一口日产 13400m³ 的高产石油井。

纺锤顶井场上的这口卢卡斯井是一个重大的成就,它为现代石油工业开辟了道路,它证实了旋转钻井的方法是卓有成效的。不仅效率高,而且还能循环泥浆。

总之,纺锤顶的油井是石油工业历史上的一个里程碑。它不但发现了蕴藏量惊人的石油,而且证实了旋转钻井法的优点。今天,几乎所有的钻井作业都使用旋转法找到了可观的石油资源。见图 1-1。

陆地地下储藏有石油,后来人们发现海底地下也有石油,人们勘探石油的步伐就逐渐从陆地走向海洋。

1897 年,美国在加利福尼亚州萨姆兰德(Summer land)滩的潮汐地带上首先架设起一座 250ft(1ft = 0. 3048m)长的木架,把钻机放在上面打井,这是世界上第一口海上钻井。

同年,美国人 H. L. Williams 在同一个地方造了一座与海岸垂直的栈桥,把钻机、井架等放在上面进行钻井。由于栈桥与陆地相连,物资供应就方便多了。另外,钻机在栈桥上可以随意移动,从而在一个栈桥上可打许多口井。

1911 年,世界上第一座固定平台钻井装置,竖立在美国路易桑纳州的卡多(Caddo)湖上。

在海边搭架子、造栈桥基本上是陆地的延伸,与陆地钻井没有太大的差别。能否远离岸边在更深的海里钻井呢? 1932 年,美国得克萨斯公司造了一艘钻井驳船"Mcbride"号,在其上面放上几个

图 1-1 纺锤顶的卢卡斯
喷油井正在井喷

锚,到路易斯安那州 Plaquemines 地区"Garden"岛湾中打井。这是人类第一次"浮船钻井",即这艘驳船在平静的海面上漂浮着,用锚固定进行钻井。但是由于船上装了许多设备物资器材,在钻井的时候,该驳船就坐到海底了。从此以后,就一直用这样的方式进行钻探。这就是第一艘坐底式钻井平台。同年,该公司按设计意图建造了另一艘坐底式钻井驳船"Gilliasso"号。1933 年这艘驳船在路易斯安那州 Pelto 湖打了"10 号井",钻井进尺 5700ft。以后的许多年,设计和制造了许多艘不同型式的坐底式钻井驳船,如 1947 年,JohnHayward 设计的一座"布勒道 20 号",平台支撑件高出驳船20m,平台上备有动力设备、泵等。它的使用标志着现代海上钻井业的诞生。

　　由于经济原因,自升式钻井平台开始出现,滨海钻井承包商们认识到在 40ft (12.19m))或更深的水中工作,升降系统的造价比坐底式船要低得多。自升式钻井平台的桩腿是可以升降的,当不钻井时,把桩腿升高,平台坐到水面,拖船把平台拖到工区,然后使桩腿下降伸到海底,再加压,平台升到一定高度,脱离海潮、波浪和涌的影响,得以钻井。1954 年,第一艘自升式钻井船"迪龙 I 号"(滨海 51 号)问世(见图1-2),配备 12 根圆柱型桩腿。随后的几艘自升式钻井平台,皆为多桩腿式。如"嘎斯先生 1 号",组合式提升甲板。"滨海 52 号"是圆柱形桩腿带桩脚箱。1956 年建造的"斯考皮号"平台是第一座 3 桩腿式的自升式平台,用电动机驱动小齿轮沿桩腿上的齿条升降船体,桩腿为桁架式。

图1-2　第一条自升式钻井平台"迪龙 I 号"

1957 年制造的"卡斯Ⅱ号"是带有沉垫和 4 根圆柱型桩腿的平台。

随着钻井技术的提高,在一个钻井平台上可以打多口井而钻井平台不必移动,特别是近海的开发井。这样,固定式平台也有发展。固定式平台就是建立在海上的永久性钻井平台。其结构大都是钢结构。打桩时,把平台升出海面;也有些是水泥结构的。至今工作水深最深的固定平台是"Cognac"号,它能站立在路易斯安那州近海1020ft 水深处工作。

1953 年,出现了第一艘钻井浮船,即 Cuss 财团造的"Submarex"号钻井船,它由海军的一艘巡逻艇改装而成,在加州近海 3000ft 水深处打了一口取芯井。

1957 年,"卡斯Ⅰ号"钻井船改装完毕,长 78m,宽 12.5m,型深 4.5m,吃水 3m,总吨位 3000 t,用 6 台锚机和 6 根钢缆把船系于浮筒上。但是,用浮船钻井会带来一系列问题,由于波浪、潮汐至少给船带来 3 种运动,即漂移、摇晃和上下升沉,钻头随时可能离开井底,泥浆返回漏失,钻头遇到高压油气时,大直径的导管伸缩运动不能耐高压等问题。这样就把防喷器放到海底。该船首先使用简易的水下设备,从而把浮船钻井技术向前推进了一大步,开现代浮船钻井先河。1962 年滨海石油公司建造的54 号钻机装置(Rig54)是当时世界上最大的一条坐底式钻井平台,等边三角形的一边长 388ft(118.26m),每一边具有三个直径为 30ft(9.14m)的钢瓶、瓶下有巨大的桩脚作为底部支撑件,能够坐落在 53.34m(175ft)水深中进行工作。只要稍加修改,该钻井装置即可成为一条浮动钻井船。

浮船钻井的特点是比较灵活,移位快,能在深水中钻探,比较经济。但是它的缺点是受风浪海况影响,稳性相对较差,给钻井带来一定的困难。

1962 年,壳牌石油公司用世界上第一艘"碧水一号"半潜式钻井船钻井成功。"碧水一号"原来是一座坐底式钻井平台(见图 1-3),工作水深 23m。当时为了减少移位时间,该公司在吃水 12m 的半潜状态下拖航.在拖航过程中,发现此时平台稳定,可以钻井,这样就受到了启示,后来把该平台改装成半潜式钻井平台。1964 年 7月,一座专门设计的半潜式平台"碧水二号"在加州开钻了。第一座三角形的半潜式钻井平台是 1963 年完工的 "海洋钻工号",第二座是 1965 年完工的"赛特柯135"号。

随着海上钻的不断发展,人类把目光移向更深的海域。半潜式钻井平台就充分显示出它的优越性。在海况恶劣的北海,更是称雄,与之配套的水下钻井设备也有发展,从原来简单型逐渐趋于完善。半潜式钻井平台的定位一般都是用锚泊定位的,而深海必须使用动力定位。第一艘动力定位船是"Cussl"号,它能在 3657.6m(12000ft)水深处工作,获取 182.88m(600ft)的岩芯。以后出现了动力定位船"格洛

图 1-3　"碧水一号"半潜式钻井船

玛挑战者号",它于 1968 年投入工作,一直用于大洋取芯钻井。世界上真正用于海上石油勘探的第一艘动力定位船是 1971 年建成的"赛德柯—445"号钻井船(见图 1-4),在动力定位时,其工作水深可达 600m 以上,可抗 100kn(1kn＝0.514m/s)风,21m 浪高,其性能显然是良好的。

图 1-4　世界上真正用于海上石油勘探的
第一艘动力定位船"赛德柯-445"钻井船

　　人们在不断实践中,钻井平台的设计进行了多种形式的探索,浅水的、深水的、坐底式、自升式、驳船式、半潜式等。就是半潜式立柱也有 4 立柱、5 立柱、6 立柱、8 立柱、12 立柱等,五花八门,相互比较,各有优缺,人们在探索哪种形式更适合该海域的海上石油钻井。

　　随着科学技术的进步,海上钻井技术逐渐进入成熟期,海上钻井装置也迎来了建造的黄金时期。自升式钻井平台 20 世纪 70 年代建造了 113 座,80 年代建造了 242 座,这 20 年间建造自升式钻井平台的数量占目前总数的 90%,是自升式钻井平台建造的巅峰时期。后来,这些平台大都进行了升级改造,在海洋钻井业中发挥了主力军作用。20 世纪 90 年代建造了 17 座平台,进入 21 世纪建造了 12 座,目前还有多座平台正在建造中。半潜式钻井平台 20 世纪 70 年代建造了 72 座,80 年代建造了 74 座,这 20 年间建造的数量占半潜式钻井平台总数的 92%。90 年代建造了 8 座,进入 21 世纪有所回升,已经建造了 14 座,另外还有 10 座平台在建。钻井船由于其移动灵活、停泊简单、造价较半潜式钻井平台低及易维护,适用较深海区等优点,在 20 世纪八九十年代钻井承包商大量建造了适合深水作业的钻井船,其中 80 年代建造了 29 艘,90 年代建造了 34 艘。

　　半潜式平台有自航式和非自航式。动力定位船所配套的水下设备是无导向绳的水下钻井设备。后来,钻井平台又有新的形式出现。张力腿平台(TLP)的结构型式多样,一般与半潜式平台相似。是一种垂直系泊的顺应式平台,通过数根张力腿与海底相接。一旦锚泊定位后,平台的起伏倾斜和摇晃运动都将在垂直方向消除,大大有利于钻井作业。另外一种平台叫立柱式平台——"Spar",这种平台的系泊型式与张力腿平台不同,它的设计采用了斜线系泊,而且系泊钢缆中不像张力腿平台那样具有很大的预张力。

　　另外,海上可移动钻井装置的技术性能也得到了突飞猛进的提升,尤其是在钻井能力、工作水深以及可变载荷这三个方面都有显著提高。随着平台的优化设计,泥浆泵性能、钻井绞车能力的增强,以及 20 世纪 80 年代初开发成功的顶部驱动装置的应用,海上可移动装置的钻井深度得到大幅度的增加。在世界范围内自升式钻井平台有 162 座装有 25000ft(7620m)钻井深度的钻机,43 座装有钻井深度达 30000ft(9144m)的钻机。半潜式钻井平台有 107 座钻井深度达 25000ft(7620m),有 22 座平台钻井深度达 30000ft(7620m),5 座在 30000ft(7620m)以上。钻井船 33 艘钻井深度达 25000ft(7620m),有 9 艘在 30000ft(7620m),6 艘在 30000ft(7620m)以上。

　　自升式钻井平台由于受到桩腿长度的限制,工作水深不可能很深。大部分平台的工作水深在 100m 以内,约有 31 座达到 100m 以上,ROWAN 公司的"C. R. Paimer

2"号自升式钻井平台工作水深达 168m,是目前自升式钻井平台之最。半潜式钻井平台的工作水深是远远超过自升式钻井平台的。随着动力定位技术的采用,目前有 17 座工作水深超过 2000m,有 2 座工作水深超过 3000m。钻井船的工作水深比较深,有 9 艘钻井船工作水深达 2000m,有 12 艘工作水深达 3000m,有一艘钻井船"Joides Resolution"号,无隔水管钻井状态工作水深设计能力达到 8230m。

可变载荷也是钻井平台的一个重要性能。自升式平台一般都在 2000t,其中近 30 座超过 3000t,有一艘达到 6771t。半潜式平台大部分都超过 3000t,有部分达到 4000t、5000t、6000t,最大的达到 7350t。钻井船的可变载荷较前两种平台大,现用的钻井船有 20 艘可变载荷超过 7000t,其中 8 艘达到 10000t,两艘达到 20000t,还有一艘"Glomar CR Luigs"号钻井船可变载荷达 37500t,是目前可变载荷最大的钻井装置。

有了性能优越的钻井平台,那么海上钻井的深度逐年增加。1970 年海洋钻井的工作水深是 456m,1979 年世界海洋石油钻井工作水深接近 1500m。1984 年突破 2000m,1988 年的纪录是 2328m。2000 年末,在墨西哥湾钻井时工作水深达 2695m。2001 年 5 月工作水深已是 2955m,10 月就达到 2964.8m。2003 年 2 月突破 3000m,达到 3052m。

我们完全可以相信,随着科学技术的进步,人类必将建造出性能更加优异的钻井平台,向更远、更深的海域进军。

1.2　我国海洋石油勘探步伐

我国的海洋油气勘探工作始于 1957 年,至今经历了两个勘探时期。

1957—1979 年,为早期石油勘探时期,完成了近海的石油概查,在渤海、珠江口、北部湾及琼东南盆地钻探到了油气流。找到了 7 个油气田、13 个含油气构造。1979 年,渤海年产原油 $17×10^4$t,初创了中国海洋石油工业的雏形。

1979 年至今,为海洋石油对外合作与自营勘探并举时期。通过海域对外合作勘探,找到油气田 20 个,含油气构造 39 个。在对外合作的同时,我国的自营勘探也随着经济和技术实力的增强而不断加大。

截至 2010 年 12 月 19 日,中国海洋石油总公司中国海域年油气产量首次突破 5000 万 t 油当量。这意味着我国跻身世界海洋石油生产大国行列。海洋将作为我国最现实、最可靠的能源接替区之一,夯实和筑起中国能源安全一道新的屏障。

在"十一五"期间,我国在海洋石油勘探方面取得了可喜的成绩。2010 年 12 月 31 日,中国海洋石油总公司实现年产量 5178 万 t,终于实现了他们年初确定的建成一个"海上大庆"的目标,这个成绩来之不易,是全体从事海上油气勘探开发者共同努力的结果。对一些关键技术的攻关,也有阶段性的进展。在新的形势下,中海油提出了进军深海海域,发展深海技术的"深海石油战略",投入150亿人民币用于发展深海勘探装备。建成了3000m水深半潜式钻井平台"海洋石油981"号、深水地球物理勘探船"海洋石油720"号、3000m深水铺管船"海洋石油201"号、深水地质勘察船"海洋石油708"号以及为深水勘探服务的大马力拖船"海洋石油681"号等,组成了一个配套的深水勘探开发船队,进军深海。我国在海洋工程装备设计、制造方面取得了不少突破,这为我国海洋石油勘探走向深水打下了坚实的基础。

经历了40余年的油气勘探和研究,证实中国管辖海域内的石油天然气资源丰富,油气资源达$450×10^8$t。中国海域目前总体勘探程度较低,勘探潜力很大。建成"近海大庆"后,规划到2020年再建3个"海上大庆",即"深水大庆""海外大庆"以及沿海5000万t供应能力的"液化天然气大庆"。兴海强国,这是几代中国人的梦想。

科学在进步,时代在发展,海上钻井技术得到飞速发展,人们现在已向更深的海域进军,无论是钻井井深、钻井水深、钻井效率都有新的世界纪录出现。

海洋石油勘探装备技术的不断进步和创新,促进和推动了海洋石油勘探事业的发展,为海洋石油勘探的发展提供了有力的支撑。

"工欲善其事,必先利其器。"要在海上找到油气田,钻井装备是必不可少的。在汪洋大海上进行钻井谈何容易,有人说下海与登天一样难,甚而更难,这不为过。中国海洋钻井装备的发展和建设完全是从零开始的,经历了从无到有,从小到大,从弱到强,从"土包子"到高科技含量的跨越式发展。

我国的钻井平台建造起步相对较晚。

1966年,我国建造了第一座固定钻井平台。同年12月底,在渤海湾就位。

我国海上第一口探井"海一井"开钻了。1967年6月14日凌晨,"油一井"喷油了。这是中国第一口真正意义上的工业探井,正式揭开了我国近海海上油气开发的序幕,是我国海洋石油工业发展的重要里程碑。该平台后来又打了三口斜井。此后为了满足采油的需要,这座钻井平台被改建为1号采油平台。

1972年,我国第一座自升式钻井平台"渤海一号"在大连建成,可以在30m水深处进行钻井,4桩腿圆柱式,排水量5700t,用于渤海湾钻井,见图1-5。"渤海一号"是我国首座完全自主设计建造的海上自升式钻井平台。"渤海一号"设计建造时正处于"文化大革命"时期,中国的经济实力,工业水平和国外有很大差距,而且是在没有任何国外参考资料和经验的情况下,完全凭借国内自己的力量完成设计、制造,其

图 1-5　我国首座完全自主设计建造的海上自升式钻井平台"渤海一号"

设备和材料均为国产,实属不易。在设计建造中,研究设计人员发场"有条件要上,没有条件创造条件也要上"的战斗精神,攻坚克难,成功研发出我国首座海上正规化的钻井平台,宣告我国海上钻井作业进入自升式钻井作业时代。

　　1974 年,我国第一艘钻井船"勘探一号"建成,并于同年在南黄海试钻成功。这是一艘双体钻井船,是用两艘长 100m,宽 14m 的货船拼装而成。(见图 1-6。)

图 1-6　我国第一条钻井浮船"勘探一号"

"勘探一号"钻井船是我国自行设计建造的第一座浮式钻井装置,也是目前为止,我国唯一的一艘双体钻井船。由于"勘探一号"钻井船建造本身带有试验的性质,受当时历史条件的限制,再加上对钻井船的建造和海上钻井都缺乏经验。所以"勘探一号"钻井浮船缺点较多,可以这样说,"勘探一号"还不能成为一艘真正合格的钻井船,一遇大风浪就走锚或者出现故障,站不住,立不稳。也不能真正钻遇高压油气层,因为防喷器和井控设备能力十分薄弱。但是作为海上浮船钻井的第一次大胆实践,"勘探一号"从1974年到1978年,在我国南黄海海域钻了7口石油探井,取得了丰富的油气地质资料,锻炼了队伍,考验了水下设备,摸索了海上浮船钻井的经验,使我们对海上浮动钻井装置及其工艺有了进一步的认识和全面了解,为今后设计和建造新的钻井装置和海上钻井进行了全面准备,所以"勘探一号"功不可没。它在我国移动式钻井平台发展史上具有举足轻重的地位,没有它的实践,我们后面的钻井平台的设计和建造就不会那么顺利。

1975年后,为了加快我国近海油气资源的开发,从新加坡和日本相继进口了几座自升式平台,如"南海一号"、"渤海二号"、"勘探二号"、"渤海四号",后又从挪威进口了一座半潜式平台"南海二号"。它们分别在渤海、黄海、南海、珠江口钻井。"南海二号"的引进,使我国海上有了一座半潜式钻井平台作业的历史。

进入20世纪80年代,我国又相继设计了"渤海五号"、"渤海七号"、"渤海九号"自升式钻井平台,也设计了"胜利一号"、"胜利二号"、"胜利三号"坐底式钻井平台。同时也购买了性能先进的"南海五号"、"南海六号"半潜式钻井平台、"渤海八号"、"渤海十号"、"渤海十二号"、"胜利四号"自升式钻井平台。

"渤海五号"(见图1-7)、"渤海七号"为姊妹平台,这两座平台的设计是在总结了以往国内自建的"渤海一号"、"渤海三号"经验教训基础上,认真学习借鉴了"渤海四号"等进口钻井平台先进技术,完成的新一代国内自升式平台的设计。而且引进了国外船级社检验、审核认证的做法,取得船级证书。后来投产作业的实践证明,其主要性能等各方面都达到了当时国际上同类钻井平台的水平,设计和建造是成功的。

"胜利二号"是一座滩海步行坐底式钻井平台(见图1-8),适用于在极浅海或滩涂进行钻井作业,是根据我国的特殊区域要求进行设计制造的,也是产、学、研、用联合研发的成功范例。它为勘探我国渤海浅海及滩涂地区的油气发挥了巨大的作用。

1984年,我国自行设计和建造的第一座半潜式钻井平台"勘探三号"建成(见图1-9)。同年11月在东海海域进行了试钻,成功地打了"灵峰一井"。

"勘探三号"是我国自主设计建造的第一座半潜式钻井平台。由于受到当时历史形势的影响以及工业基础条件的限制,它的设计建造注定困难重重,经历了艰难曲

图 1-7　自升式钻井平台"渤海五号"

图 1-8　步行式坐底钻井平台"胜利2号"

折的过程。1974 年 10 月,当时国家计委就正式批准确定设计建造一座矩形半潜式钻井平台。从 1975—1979 年,"勘探三号"的设计和建造准备工作艰难曲折。当时国内没有半潜式钻井平台的资料,几乎所有的大型配套设备都没有现成的,均需要组织科技攻关进行试制,质量、性能和进度都难以保证。同时设计组的组织机构几经变动,导致设计工作几起几落,时停时启。尽管如此,广大设计人员还是怀着满腔热情,群策群力,克服重重困难,在 1979 年底完成了"勘探三号"的设计,上海船厂于 1979年底正式开工建造。

由于"渤海三号"使用当时国产设备屡出故障的教训,再加上已经引进"南海二号"半潜式钻井平台,对照相比使得"勘探三号"的设计、配套不得不做重大修改。1982 年,国家机械委员会组织召开了最终协调会,同意了"勘探三号"的修改方案。这次修改是"勘探三号"建造的重大转折,虽然推迟了平台的建造进度,但实践证明这是完全正确的。经过全体工程技术人员、广大工人和干部的努力,终于在 1984 年5 月建成并投入使用。随后"勘探三号"便在我国东海海域转战作业,在东海油气田的勘探开发中屡创佳绩。由于安全、环保、作业性能、员工生活、船级社的需求,中间经过几次升级改造,无论在那方面都有提高,诸如油公司的"零排放"等的要求,平台均能适应。还引进和更新了新的设备,再加上职工们的精心维护,使平台青春常在,该钻井平台踪迹遍布国内外,征战东海、南海、东南亚、缅甸湾、俄罗斯萨哈林等海域。目前还在我国南海高温高压油气构造上施工作业。毫不夸张地说,我国自主设计建造的第一座半潜式钻井平台"勘探三号"设计是成功的,为我国的海洋石油勘探开发立下了赫赫战功。

图 1-9　我国自主设计建造的第一座半潜式钻井平台"勘探三号"

1995 年,我国又购进了一座半潜式钻井平台"勘探四号"。其目的是去南沙群岛作业,由于外交等多种原因未能成行,平台一直在国外作业。

　　之后,很长一段时间没有建造平台,当时只是对以前的平台进行修理,根据世界的海洋工程发展和市场需求对钻井平台进行升级改造。如加顶驱、加装悬臂樑、更换钻井绞车、泥浆泵、增加可变载荷等,提高钻井设备的总体性能。

　　2000 年后,我国海洋石油钻井平台有了一个突飞猛进的发展,相继独立自主设计、建造和引进了多座钻井平台,包括"COCL931"号、"COCL935"号、"COCL941"号、"COCL942"号、"中油海 1、3、33、5、6、7、8、9、10 号"、中石化"胜利5、6、7、8、9、10 号"、"勘探六号"。中海油并购了挪威 Awilco 公司,该公司有 5 座自升式钻井平台,有 3 座自升式和 3 座半潜式钻井平台的建造权,还拥有 2 座半潜式钻井平台的选择权。中海油为了实现渤海油田上产 3000 万 t 的目标,投资建造了 4 座作业水深 60m 的自升式钻井平台"海洋石油 921"号、"海洋石油 922"号、"海洋石油 923"号和"海洋石油 924"号,专门用于渤海油田的钻完井作业。这 4座平台均大量采用了国产设备。

　　2006 年交付使用的"海洋石油 941"号自升式钻井平台(见图 1-10),是当时国内钻井深度和作业水深最深,自动化程度最高的钻井平台,也是首座 400ft 自升式钻井平台。平台由美国 F&G 公司根据中方提出的改进方案,修改了原有 JU2000 型平台基本设计,并将修改后的船型命名为 JU2000E 型。

图 1-10　"海洋石油 941"钻井平台

　　"海洋石油 941"号平台的成功建造,标志着我国建造海上钻井平台的技术达到了国际先进水平,多项关键技术填补了国内空白,创造了多项中国自升式钻井平台的

"第一"。是我国海洋钻井装备设计建造取得了重大突破,对保障我国开发海洋油气资源,实施能源安全战略具有重大意义。

2009 年 12 月 20 日,"海洋石油 937"自升式钻井平台(见图 1-11)在大连建成并交付使用,这是世界首座 CJ46 型自升式钻井平台。是首座 X/Y 型悬臂梁设计,是具有世界先进水平的 350ft 自升式钻井平台。它的建成,标志着我国的海洋平台建造技术又向前走了一大步。

图 1-11　自升式钻井平台"海洋石油 937"号

2012 年 5 月,我国首座自主设计、建造的"海洋石油 981"成功建成并交付使用。这是目前世界上最先进的第 6 代 3000m 深水半潜式钻井平台。"海洋石油 981"号的设计建造,取得多项自主创新成果,创造了多个"首次",在海洋工程主流装备建造领域实现了重大突破。这标志着我国海上石油勘探装备的最新发展,是一个新的里程碑。填补了我国深水钻井大型装备的空白,打造了中国海上石油钻井重器。使我国深水油气勘探开发能力和大型海洋装备建造水平,一举跨入世界先进行列,具有划时代的意义。(见图 1-12)

在"十二五"期间,我国不仅为三大石油公司造了多座平台,而且还为国外的钻

图 1-12　我国首座自主设计、建造的第 6 代深水半潜式钻井平台"海洋石油 981"

井承包商、油公司造了多种型号的钻井平台。如 JU2000、CJ46、Super M2、NDB 诺贝尔、大脚Ⅲ型、Bingo9000、JU2000E、CJ50、Tigar 系列钻井船、"希望号" 系列圆筒形钻井平台、GM4000、R-550、MLT-116C、D90 等。

我国船企也开发出自己的钻井平台系列产品,大连重工 DSJ300 型自升式钻井平台适用于世界范围内除北海区域外水深在 300ft 以内各种海域环境条件下的钻井作业。DSJ400 型自升式钻井平台是以英国北海海域 50 年一遇的海况条件作为设计参数开发的适用于 400ft(121.92m)作业水深的钻井平台,适用的作业范围更加广泛。现在正在研制 DSJ500 型。振华重工也在研制自升式钻井平台的系列产品,在收购了 F&G 设计公司之后,他们的研发能力大大加强。

其他船企、石油装备企业也在研制自己品牌的钻井平台。

尽管 2015 年船市低迷,但我国船舶工业仍然取得了较好成绩。三大指标表现如下:造船完工量达到 4184 万载重吨,新接订单量 3126 万载重吨,手持订单量 12300 万载重吨。后两项指标虽然同比有些下降,但是手持订单可以延续 3 年的生产。如果换成修正总吨,我国的三大指标仍然是世界第一,船舶附加值逐年提高。

未来 10 年,中国船舶工业集团公司、中国船舶重工集团公司将以建设世界一流海洋装备集团为发展目标,力争到"十三五"末,关键核心技术全面达到世界领先水平,使中国船舶工业集团公司、中国船舶重工集团公司发展成为国际领先的创新型海洋装备集团。

科学在进步,时代在发展,进入 21 世纪,我国的海洋钻井装备技术有了明显的进步,一些技术已达到世界先进水平,部分技术已处于领先水平。由于有这些装备的支撑,海上钻井技术也得到飞速发展,人们现在已向更深的海域进军,向更广阔的空间发展。无论是钻井井深、钻井水深、钻井效率都有新的纪录出现。当然,在看到这些成绩的同时,还必须要冷静和理性的思考,我们在一些核心技术、关键设备、生产效率、配套设备等方面与世界先进国家相比,还有一定差距。但这不要紧,只要我们认识到了,看到了,我们上下一心,攻坚克难,什么事办不成呢?让我们为中国建成真正的海洋强国,为实现中华民族的伟大复兴做出新的更大贡献。

第2章
海洋石油钻井装备及施工工艺

在谈到海上石油勘探时,人们往往会提出这样那样的问题。如在茫茫大海中,你们怎么知道哪里有石油呢?海洋那么深,又有大风大浪,怎么钻井呢?是搭架子,还是用船?漂在海上的钻井船时刻都在动,怎么钻井呢?

要回答海上找油气的问题,话题很多,这是一个系统工程问题,涉及到领域、学科、专业较多。在这里我们选取一个切入点,重点讲述海上石油钻井平台在海上是怎样进行施工作业的,特别是浮式钻井平台,在风、浪、流的作用下,时时刻刻都在运动的情况下是如何进行钻井作业的呢?

2.1 海洋石油钻井与陆地石油钻井的不同之处

在叙述海洋石油钻井之前,对陆上石油钻井我们作一些了解。这样就会更能理解海洋石油钻井的困难和特殊性。

在陆上找油气,大概要经历概查、普查、详查、精查几个阶段。在打井确定井位之前,地质人员已经做了大量的地质研究工作。他们运用地质学的理论,全面分析某区域的地质资料,了解该地区的生油和储油条件并做出评价。然后用地球物理勘探方法了解地下地质构造的特点,找出含油气构造,最后用钻探的方法进行验证,打一口勘探井。井位布在哪里呢?根据地质家们分析的结果,在最有利的构造上选取,以获取最有价值的地质资料。井位经反复论证,上级主管部门审查批准后才能正式施工(因为打一口井需要很多经费)。井位确定后,准备平场地、运进钻井设备、立井架、安装钻机和泥浆泵、挖泥浆池、在井场准备钻杆以及各种工具、泥浆材料等。各项准备工作就绪后就可以开钻了,按照钻井工程设计、地质设计以及其他泥浆、测井、固井、录井、试油等设计,进行钻井,钻井钻至设计井深,测试之后完钻。这是陆上石油钻井一般的施工程序。在海上进行石油钻井,就不是这么简单了,不要说深水,浅水也比陆地石油钻井复杂得多。

图 2-1 与图 2-2 就能看到陆上钻井与海上钻井所处环境的不同。

图 2-1　陆上钻井井场

图 2-2　海上钻井平台作业

海上石油钻井与陆上石油钻井究竟有哪些不同呢？很显然,就是多了一层海水。可是就是这一层海水带来了极大的困难和麻烦。海上找油气井位的选择,就不能像陆地上一样进行跑位放炮做物探。在海上,人就不能随意像陆上一样按照指定的方位去测量、放置仪器、收集检测数据了,就得有专门的地球物理勘探船拖着地震电缆放炮作业,做地球物理勘探,这与陆地上是大不相同的。海洋地震船作业时,不需要放炮和钻炮眼,而是利用空气气枪作为震源,电缆上的检波器收集信号,这些数据资料经专业计算机处理分析,地质人员综合其他各种资料,提出含油气构造,确定井位。

另外,海上定位也是一个难题。陆地上有参照物,用测量技术就可以定出方位和位置。而在茫茫大海,特别是在远海,看不到陆地的标志物,定位就困难了,就必须依靠全球卫星定位系统。当然,现在陆上钻井定位也用卫星定位系统了。海上钻井现在使用差分 GPS 定位,定位精度提高了许多。精确定位,这是海上钻井的关键所在,如果井位偏差太大,就有可能打不到油气。现在依靠 GPS 卫星确定井位,误差在几米之内,这样的误差就能满足钻井作业的要求。

陆上钻井,钻机是固定不动的,安装后,就不会再移动了,不会影响其各种作业,也不会影响数据的采集。而在海上钻井,海水的潮起潮落、海流、因风产生的涌浪等,使平台发生漂移、摇晃、升沉,以及产生其他的问题。这些问题不解决,海上钻井就无法进行。

在滩涂上钻井,一般用木质材料、钢材搭架子,或者用水泥钢筋混凝土建固定平台,在上面放置钻机,这样就和陆地钻井一样。可问题来了,海水涨潮时,水深涨到2~3m,辅助船借机来送物资,货未卸完就退潮了,造成辅助船搁浅,严重影响物资供应,人员往来,给施工作业带来影响。

在北方海域冬季施工,往往要遭遇到冰冻的袭击。陆上也有冰冻,但海上冰块对海上建筑物的损坏要比陆上严重得多。1969 年 2 月,在渤海作业的海 2 平台就是被冰块和冰排冲垮倒塌沉入大海的。

在海边浅水进行石油钻井,由于涨潮退潮,水流比较急,对海边的建筑物往往有冲蚀淘沙,动摇根基,建筑物待不住,发生移位、倾斜倒塌,钻井作业就无法进行。这方面我们是有深刻教训的。上海海洋石油局所属"勘探五号"坐底式钻井平台在长江口作业,就是因为水流冲蚀淘沙平台始终坐不住,平台移动倾斜,最后不得不被迫停工。

前面已提起过,在海上钻井,由于风、浪、流、潮、涌等影响,使钻井平台,特别是浮式钻井平台,产生水平移动,左右摇晃,上下升沉等运动,给钻井带来许多麻烦。这些是陆上钻井所没有的,要想在海上安全顺利地进行钻井必须对这些不利的因素妥善地加以解决才能进行作业。

就拿平台的上下颠簸升沉来说,平台井架提吊着钻杆,钻杆接着钻头,平台在动,井架天车和游车吊着的钻柱在上下运动,钻杆连接的钻头也在上下运动,可想而知,钻头在井底就像"捣蒜"一样,一会儿冲击井底,一会儿又被提起来,钻头怎能钻进呢?平台受风浪影响,必然会产生漂移,离开垂直的海底井位漂来漂去,漂移大了,钻杆和隔水管都会蹩断。另外平台的摇晃,钻井泥浆的上返循环,钻头的导入,高压油气的溢出等,在陆上钻井不成问题的事,在海上钻井中却成了问题。就连钻井深度这样一个最基本的数据测量,海上与陆上也截然不同。陆上钻井钻杆下了多少,钻头在什么位置,技术人员一量"方入",一算就能确定井深。也就是说,钻井技术员从钻盘面一看方钻杆入井是几米,就知道井深是多少,因为钻头加上入井的钻杆数量所折算的长度,再加上方钻杆入井的深度,就等于井深(井深的规定是从钻盘面算起的)。而海上就不是这样,方钻杆与转盘的相对位置时时都在上下动的。光量方钻杆的"方入"是不行的,必须根据当时的潮位以及升沉计算才能得出准确的井深。在陆上钻井队工作多年的钻井技术人员被调到钻井平台上工作后,由于没有完全适应海上工作,不知道平台是动态的,多次出现把井深算错,套管下多了。

自升式钻井平台钻井类同在陆上钻井,但也有插桩、拔桩、升台、降台等问题。

当然,为了保证钻井作业能够得以安全顺利地进行,首先平台结构要牢固,能经得起风浪,锚泊系统要好,抓得住,站得稳。然后就要有专门的设备和方法来解决上述这些问题。

此外,海上钻井作业还需要不少的辅助工作,钻井平台在进入井位前必须要有专门的工程船进行海底工程地质调查,以确定海底地貌、地表土壤岩性和地质情况,了解浅表地层是否含有浅层气,以便尽早预防,以保证自升式钻井平台的插桩和浮式钻井装置的抛锚作业。海上作业平台的抛锚、起锚要用专门的辅助船。平台作业为了保证安全,特别是在钻遇油气层和测试阶段,在钻井平台附近要有守护船,以保证救生和消防。平台作业人员的上下平台,除了交通船之外,还要使用直升机进行接送。钻井平台所用的大量物资、专用设备、管材、工具材料、淡水、生活用品要有海上供应船运输供应。

如果水下井口防喷器需要安装、检查以及处理故障,要有水下机器人(ROV)以及潜水设备等。为了保证钻井平台的安全,平台要请专门的海事部门、船级社和海洋管理部门对平台进行各种检验。

浅水是这样,深水钻井还有另外的问题。

诸如上述,这些都是陆上没有的,也是不需要的。所以海上石油钻井投资大,风险大,要运用许多高科技的手段和方法,成本要比陆上高得多。(当然一旦发现油气田,产生的效益也是可观的),这也正是与陆上钻井的不同之处,也就是海洋石油钻井的特殊性。

2.2　海洋石油钻井装备简介

油气勘探开发,人们从陆地走向海洋。在海洋油气勘探开发的进程中,按照海上勘探开发的发展过程,是从海边走向近海,再走向远海。从浅水走向深水、从深水逐渐走向超深水。从海洋石油勘探开发的装备发展看,最开始的人工岛,后来有栈桥式平台、固定式平台、坐底式平台、自升式平台、钻井船、钻井驳船、半潜式钻井平台、张力腿式平台(TLP)、立柱式生产平台(SPAR)等。

很显然,由于水深和钻井平台型式的不同,作业环境的差异,它们的施工作业方法、施工工艺、作业程序、配置的设备是完全不同的。所以,在叙述固定式与浮式石油钻井平台施工工艺的区别之前,必须对这些不同的钻井装备有一个大概的了解。

钻井平台(船)就是在海上进行钻井的装备,依照海上钻井的发展历程,钻井装置可以分为前面所述的几种类型。如果按照平台的用途分类,可以分为钻井平台、采油平台、储油平台、生活平台、修井平台、风电安装平台等。由于各类平台担负的任务不同,平台上配备的设备是完全不同的。如钻井平台配备的设备是以钻井为主的,而生活支持平台则以生活、住宿、娱乐、维修设备为主要的配套设备,其他类似。由于文章篇幅的关系,重点介绍海洋石油钻井平台这一类平台,其他的平台只是提及而已,不作重点介绍。几种类型的钻井平台简图,见图2-3。

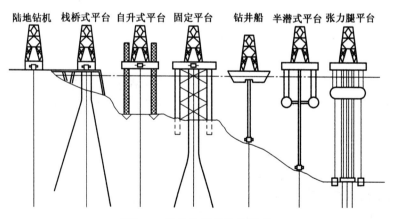

图2-3　钻井装置的几种类型

2.2.1 栈桥式钻井平台

最初的海上钻井是人们在浅海地区搭一个架子(平台)。把钻机放在上面,然后就像在陆地上钻井一样进行作业。由于海水的潮起潮落,使平台钻井的物资供应产生问题,只能在落潮时抓紧时间,把物资供应上去。后来造了一条与海岸垂直的栈桥,直接与钻井平台连接,这样就如同造了一条公路一样,钻井平台与岸相连。钻井生活物资都用汽车运上去。这样才钻了第一口真正的海上钻井,见图2-4。

栈桥式钻井平台钻井与陆地钻井一样,供应和施工都很方便,而且也可以在栈桥上周围多打一些井。但是很明显这种钻井平台受到了条件的限制,一是离岸近,二是水浅。再远一些,造栈桥就不合算了,造栈桥成本就高了。

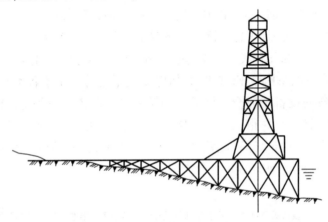

图2-4 栈桥式钻井平台示意图

随着海上油气的不断发现,远离岸边的油气田钻井,就不能再用造栈桥的方法,人们在寻求新的方法,进行了经济成本对比后,就出现了固定平台。

2.2.2 固定式钻井平台

固定式平台钻井就是在海里搭建钢架,钢架高出海面数米,不受涌浪影响,上面放上平台,钻机放在上面。钻井工艺如同陆地一样,海水用隔水管隔开。物资就要有专门的船舶运送,人员的上下用船或直升机接送。见图2-5。

最初的固定平台大部分都是钢结构焊接而成。但是也有一些是水泥与钢结构混合制成(见图2-6)。这些大型的预应力水泥装置浮着被拉到井位,然后灌水下沉,直到大型的蜂窝状基础落到海底为止。上部再搭钢筋水泥板,然后放钻机。

水泥固定平台有如下优点：

(1)平台性能稳定,不容易被侵蚀,因而防腐、维护和整修工作量小,使用寿命长。

(2)由于建筑材料是水泥,所以价格便宜。

(3)建造技术简单,浇灌技术成熟,设计上也有灵活性,另外防水、防火和防爆性能也很优越。

缺点是在一般造船厂难以制造,拖运比较困难。

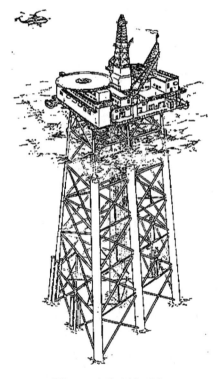 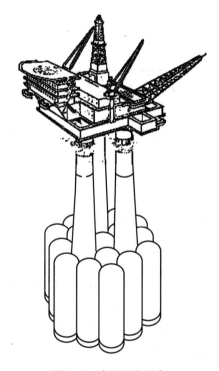

图 2-5　钢架固定平台　　　　　　　图 2-6　水泥固定平台

随着工程技术的不断发展,固定平台也得到了发展,作业水深也逐渐加深,施工方法也进行了改进。世界上作业水深最深的固定平台是"COGNAC"号,它能站在美国路易斯安那近海 1020ft 水深里工作。

由于固定式钻采平台工作水深超过 100m 后,造价越来越昂贵,其允许经济极限工作水深大约小于 450m。

事实上,现在的导管架平台就是固定平台。导管架在陆地造好,然后用驳船拖往海区。利用"下水法"使导管架一端先灌水,下沉扶正、固定,然后在上面放钻机以及其他设备,见图2-7。

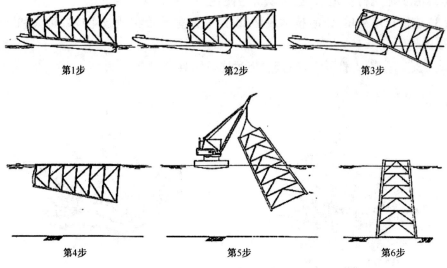

第1步　　　　　　　　　　第2步　　　　　　　　　　第3步

第4步　　　　　　　　　　第5步　　　　　　　　　　第6步

图 2-7　用下水法浮吊安装导管架

水深较深海域安装导管架亦用下水法,两段导管架分别由驳船运往施工海域,然后驳船用下水法使之下水,两段导管架在水面拼接,而后下部灌水,下部沉入海床,坐好固牢,上部再安装上层建筑,见图2-8。

导管架式平台是目前在浅水水域进行海洋油气勘探开发的主力装备。其具有稳定性好、技术成熟、较大的甲板载荷等优点,但缺点是不能移动,无法重复使用,目前大多用于250m水深之内,仅在浅水区使用。

这里要提一下"人工岛",这种钻井方式是在浅海地区堆砌一个水泥浇铸的高台——人工岛。"岛"的高度突出海面,钻机放到上面,采用普通方法进行钻井。采用人工岛的方案,只适用于极浅海和滩涂地区,超过一定的水深就不经济了。

2.2.3　坐底式钻井平台

坐底式钻井平台有时称为沼泽驳船或者营地驳船。这种类型的平台适用于浅水,一般水深不超过20m,不过也有一座坐底式钻井平台曾用于60m水深。坐底式钻井平台有两个船体,上船体放置设备以及材料、人员住房,中部为支撑圆柱或者箱形柱,下船体称为沉箱。见图2-9和图2-10。坐底式钻井平台像普通的驳船一样,由

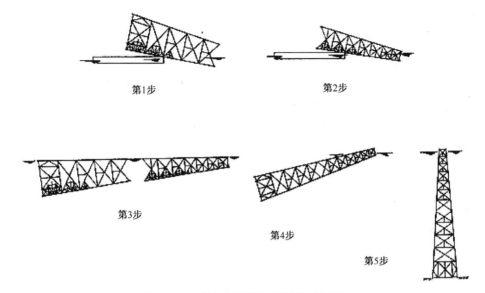

第1步   第2步

第3步

第4步

第5步

图 2-8 下水法水面拼装安装深水导管架

拖船拖带,拖到打井位置,然后在下船体灌水压载,坐到海底上。下船体的设计能力能够经受住全部装置和钻井时的载荷。

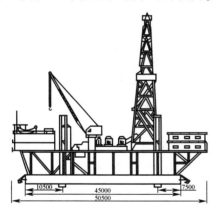

图 2-9 坐底式钻井平台示意图

图 2-10 早期坐底式钻井平台

    这类平台在压载时的平台稳定性是一个重要因素,另外坐底也非常关键,平台必须调正保持水平。在特殊松软地层为防止滑移,海浪掏沙(掏空)和冰载荷使平台产生位移,在坐底后还要采用打水泥柱桩进行固定,完钻须要移位时,则切割这些固定桩柱,排出沉箱中的海水,使平台上浮,以便拖航。

在极浅海和特别松软的地层以及潮汐带,为使坐底式平台运移,还开发了气垫式坐底式平台和液压步行式平台。如我国的"胜利一号""胜利二号""胜利三号"等。坐底式平台的优点是结构比较简单、投资较少、建造周期短、钻井时类似陆地钻井、固定牢靠,钻完井后在浅水中运移灵活,特别适用0~20m水深海床平坦的浅海海域钻井。其缺点是只能在浅海工作。另外,如上所说的沉垫坐落海底后,水流作用使海底被冲刷和掏空,造成平台倾斜和滑移。所以,坐底式平台在设计时,防止平台的掏空和滑移成为关键技术问题。

"中油海3号"坐底式钻井平台是目前我国最先进的坐底式钻井平台之一,也是目前世界上最大的坐底式钻井平台,见图2-11。

图2-11 中油海3号坐底式钻井平台

2.2.4 自升式钻井平台

自升式钻井平台具有一个大的矩形或者三角形的船体,船体的每个角上安装着桩腿,见图2-12。

当处于漂浮状态的平台被拖到井位时,桩腿在升降机构(液压驱动或者电驱动)的作用下,向下运动插入海底,升降机构继续运动使船体抬起,直至抬到船体涌浪打不到的高度(一般为10m左右),再施加一定的重量,使桩腿插牢海底。这样就可以如同在陆地上一样钻井了。等钻完井后,下降船体,拔桩升腿,拖航到新井位。自升式钻井平台的设计一般可分为两种基本类型:独立桩腿自升式,见图2-13;沉垫支承自升式钻井平台,见图2-14。

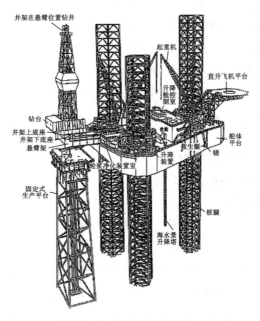

图 2-12　自升式钻井平台

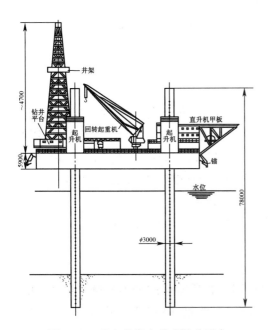

图 2-13　独立桩腿自升式钻井平台

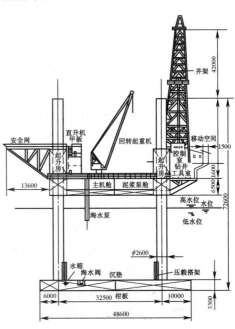

图 2-14　沉垫支承自升式钻井平台

　　独立桩腿自升式钻井平台可在任何地方工作,如硬土层、不平的海底,支承在每根桩腿底座的桩腿箱上,这些桩腿箱可以是圆的、方的或者六边形、八边形。沉垫支承自升式钻井平台是为泥土剪切值低的地区设计的,这种地区要求保持低的承载能力,承载能力为 $500 \sim 600 \mathrm{lb/ft}^2$ ($1\mathrm{ft}^2 \approx 0.093\mathrm{m}^2$)。这种平台的优点是吃入海底深度小,容易拔桩。相比之下,独立桩腿式钻井平台的桩腿吃入深度约为 10m 左右,有的深度更深,拔桩难一些。沉垫支承自升式钻井平台由于其使用海域的特殊性,建造数量相对较少。

　　自升式钻井平台既可移位,又能适应较深的作业水深(通常作业水深几十米到120m 左右,现在最深达到 168m),作业机动性好,还兼有固定式钻井方式的优点。由于 200m 水深以内的大陆架的石油储量占已探明海洋石油储量的 55% ~ 70%,发展这一工作水深适宜的钻井平台,就会优先考虑最适合此段工作水深,造价相对较低(比半潜式平台低 50% ~ 60%),工作安全,操作费用较低的自升式钻井平台类型。所以自升式钻井平台发展迅速,钻井平台数量占整个钻井装置数近乎 60% 还多。目前全世界共有 397 座自升式钻井平台。近 20 年来建造的自升式钻井平台的数量占该型总数的 90%,是自升式钻井平台建造的黄金时期。当然有些平台进行了升级改造。由于工程技术的发展,平台无论新设计或升级改造,其钻井能力、抗风能力以及使用性能,都大大得到了提高,再加上建造成本低,在海洋石油钻井作业中发挥了主力军的作用。

　　自升式钻井平台几个重要构件如下。

2.2.4.1　桩腿

　　桩腿是自升式钻井平台最重要的构件。一眼望去,就看见高高的桩腿。新一代自升式钻井平台多采用超高强度钢,大壁厚、小管径壁厚比的主弦管与支撑管,以减少水阻力与波浪载荷。目前国内多家公司在建造 122m (400ft)水深钻井平台,依靠自主创新,经过多次的实验、分析,成功解决了桩腿中 690MPa 屈服强度、178mm 厚的主弦管齿条板的焊接、探伤等一系列的工艺和建造技术。

　　桩靴的设计也是很有讲究的,它的形状、尺寸大小、结构型式,与桩腿的连接焊接方式,对平台的插桩、拔桩、结构安全都至关重要。

2.2.4.2　悬臂梁

　　F&G JU2000E 自升式钻井平台,液压驱动移动式悬臂梁的最大悬挑距离 22.9m,钻台在悬臂梁上可移动距离为 9.1m,一次定位最多能钻 30 多口丛式井。荷兰 MSC公司发明的 XY 悬臂梁可整体沿纵向与横向移动,最大悬挑距离 27.4m,横向可移动距离 19.8m,一次定位最多能钻 56 口井。通过优化设计,自重减轻 20%,在悬臂梁整个移动范围内,可承受1400t的可变载荷力。随着泥浆泵、钻机绞车能力的提高与顶部驱动的应用,自升式钻井平台的最大钻深能力已达10668m(35000ft)。

2.2.4.3 桩腿升降监视系统(Rack Phase Difference,RPD)监视系统

自升式钻井平台到达钻井场地,必须进行插桩与预压作业程序。如果基底不平整、土层强度较低,或者强度不均匀,导致桩靴快速插入平台倾斜或桩腿偏心受压而产生侧向移动,进而在船体底部的桩腿横截面产生很大弯矩。

RPD系指两相邻主弦管的具有相同标高的齿条板相对于提升系统框架顶部的竖向位移的绝对差值,一根桩腿上的最大RPD与支撑管的轴压力是紧密相关的。F&G JU2000E的极限RPD是203m(8in)。超过此值,支撑管将会弯曲。所以F&G JU2000E上安装了RPD监视系统,一旦RPD超越76mm(3in),监视系统发出警告,船体升降操作必须停止,随后要按操作规程调整升降系统齿轮的扭矩,使船体恢复水平,以减小支撑管的轴压力,然后方可再进行船体升降操作。

2.2.4.4 平台的升降系统和固桩方式

自升式钻井平台的工作水深得以不断增加,主要基于两个方面的原因:首先在结构上,采用高强度、高刚度重量比、低水阻力的桩腿设计;其次是安装齿条锁定系统,用桩腿主弦管轴向力形成的力矩,来平衡由环境载荷产生的作用于船体底部的桩腿横截面弯矩,减小支撑管轴向力,减小支撑管直径。

2.2.4.5 平台船体设计

一方面,自升式钻井平台的船体采用模块化设计和施工,将平台生活区移到船首,采用挑出式和包络式设计,既可减少悬臂梁钻井作业发生事故时对船员造成的伤害,也可以腾出甲板中部空间给作业堆料。另一方面,悬臂梁悬挑作业时,会将平台的整体重心往船尾移动。平台生活区的前移。可以减少平台重心的后移量、减少左、右舷桩腿的轴力的增加量。

2.2.5 半潜式钻井平台

半潜式钻井平台是从坐底式钻井平台演化来的,后来有些半潜式钻井平台是设计成既可坐在海底工作,也可半潜工作。较早的一座半潜式平台是"碧水一号",它是1961年用一座坐底式钻井平台加上漂浮用的立柱改装而成的。

半潜式钻井平台有多种设计型式,特别是在早期时。如赛特柯公司"赛特柯J号"是1艘三角形型式的钻井平台,见图2-15;奥达柯公司的4个纵向下船体形"海洋勘探者"号,见图2-16。该型式稳性好、抗风能力强、可变载荷大。有些大型的起重平台采用这种船型。法国设计的带5个浮箱的"五角-81"号,见图2-17。五角型

可能是比较成功的多船体形装置,具有独特的对称性,不管来自哪个方向的风浪,都是一样,各处稳性均匀一致,它不具备双下船体钻井装置的拖航能力,但钻井性能良好,缺点是装载量小,虽然平台长宽总尺度不小,但甲板有效面积小,这些缺点制约了它的发展。

随着生产的不断实践,设计趋向简单和结构牢固、实用。平台的主体一般设计成两个纵向下船体,下船体通常兼作压载舱。上船体设计成双层甲板(早年有的设计成单层甲板),甲板上放置钻井设备、动力设备、仓库、各种工作间以及生活场所。钻井平台中间设计成几个立柱,有6柱、8柱,近来设计成4柱,特别是深水钻井平台,经过优化设计,多采用4柱,便于制造。但是,6柱、8桩的钻井平台也不能说它不好,也有它的优点所以很难说,谁比谁好。见图2-18、图2-19和图2-20。它们分别为8柱、6柱、4柱设计型式。

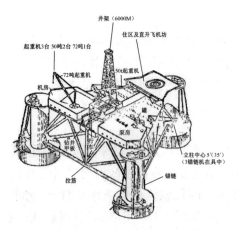

图2-15 "赛特柯J"半潜式钻井平台

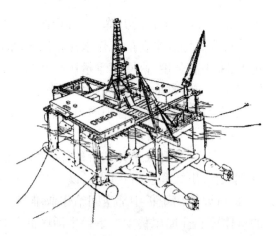

图2-16 "海洋勘探者"号半潜式钻井平台

"半潜式"钻井平台在非工作状态时,其下船体漂浮在海面上,被拖往工区定位后,抛锚,在压载舱内灌水,下潜到一定工作水深(一般为20m吃水,这是因为在水面以下10m波浪影响小了。)钻井平台成为半潜状态,主甲板的底面距离海平面尚有10m的气间隙,避免海浪拍击。

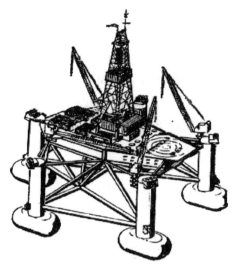

图 2-17　"五角-81"号半潜式钻井平台

图 2-18　Aker H3 半潜式钻井平台

图 2-19　"勘探三号"半潜式钻井平台

图 2-20　D90 半潜式钻井平台

　　由于平台有相当一部分浸没在水中,受涌浪影响面积又小,横摇和纵摇的幅度均很小,所以相对来讲,半潜式钻井平台作业稳性较好。而影响较大的运动是升沉,即垂直运动。这对钻井来说要影响钻柱受力,钻头的钻压,这是半潜式钻井平台必须考虑的问题。

半潜式钻井平台有自航和非自航两种。这要根据工作水深、环境条件、运动特性、装载能力以及移运性来考虑。

半潜式钻井平台通常在水深不深的情况下采用锚泊定位,用8根锚链或钢缆、锚链组合使用,使船定位。首先要根据气象、海况选择方位以避免横向受力太大而使船走锚。平台一般水平漂移控制在水深的1/20范围之内。如果在更深的水域打井,使用锚泊定位就不合适了,平台就要采用动力定位,利用船本身动力产生的推力来平衡使船产生漂移的力,保持船位。

半潜式钻井平台的优点是在大波浪力作用下的摇摆角度小、稳定性好、装载量大、运移性好,能适应深水作业。目前,全世界共有177座半潜式钻井平台分布在各个海域作业。

2.2.6 钻井船

顾名思义,它是用于钻井目的的船形装置。见图2-21和图2-22。较早的钻井船是用驳船、矿石运输船、油船或供应船改装而成的。虽然改装工作至今还在继续,但是有若干新的钻井船完全是专为钻井而设计的。

图2-21 钻井船

图2-22 现代钻井船

钻井船的船体结构大都与普通船相似,通常为单船体式,也有设计成双体式的。船井(即打井下放水下钻井设备的区域,现在有的称为"月池")大都开设在船体中央,使之在横纵摇的摇摆中心处进行钻井作业。钻井船按其航行方式分为自航和拖航两类,自航者称为钻井船,拖航者称为钻井驳船。有人把钻井驳船另设为一类。事实上,它与钻井船的区别是没有自航能力,由拖船拖带,一般用于浅水海域。

按停泊方式分为锚泊定位和动力定位。在锚泊定位中,又可分为多点锚泊(一般为 4~8 个辐射状锚泊)和中心转塔式锚泊。中心转塔式锚泊可任意调节船舶首向,使之船首正对风浪方向,以大大减少风和波浪的影响。

钻井船的主要优点是,在所有钻井装置中机动性最好、调速迅速、移运灵活,而且船速较高,停泊较简单,适应水深范围大,特别适用深水作业。另外水线面积较大,船上可变载荷大,船上装载物资器材的变化对钻井船吃水影响比较小。储存能力大,海上自持力强。此外,钻井船还可利用旧船改造,节省投资。但是,其缺点也是明显的,受风浪影响大,对波浪运动敏感,稳定性差,作业海况限制了钻井的作业效率,在所有的钻井装置中,它的钻井性能是最差的。

不管怎么说,钻井船由于具有自航能力,机动灵活,能够在深水中钻井,尤其是钻探工作逐步走向深水,因而钻井船仍是海上移动式钻井装置中不可缺少的类型。尤其是近几年,海上钻井从浅水走向深水,钻井船的优点越发显示出来,新造钻井船的数量逐渐增加。

2.2.7　其他型式钻井平台

随着海上钻井技术的不断发展,钻井平台又有新的型式出现,它们不仅用于勘探钻井,而且由于它们所具有的特点,更多方面用于油田的开发,采油。

张力腿平台(TLP)就是其中的一种。张力腿平台通常简称 TLP(Tension Leg Platform)。它是一种垂直系泊的浮式平台,用于海上采油。它由上部结构设施、甲板、柱型船体、浮筒、张力腿等构成。船体通过由钢管或钢索组成的张力腿与固定于海底的锚桩相连。船体的浮力使得张力腿始终处于张紧状态,从而使平台保持垂直方向的稳定。

张力腿平台有多种结构型式,一般与半潜式平台相似,如传统式张力腿平台,海之星、扩展式等张力腿平台,见图 2-23。

从图 2-24 中可以清楚地看到,张力腿平台与半潜式平台看上去相差不多,只是锚泊形式不同,张力腿平台用几根与放在海底的水泥定位座垫相连的钢质缆索或者管状连接杆,即张力腿使船体固定在海床上。以这种形式将浮动平台与海底相连的目的是可以消除平台的垂直运动,并能在很大程度上抵消船体的侧向运动。这意味着除了需要考虑船体的侧向运动外,可以像在固定平台上一样钻井。当然,设计本身要把侧向运动减少到最低限度。

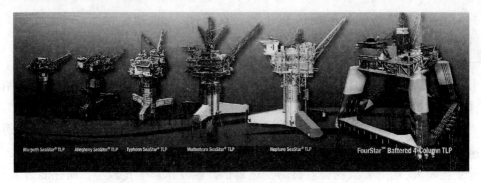

图 2-23　几种型式张力腿平台 TLP（Tension Leg Platform）

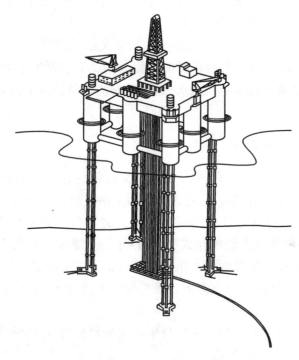

图 2-24　张力腿平台（TLP）

　　张力腿平台的运移性与半潜式平台相似,其施工和安装的要求也不是很复杂。另外其最大的优点是可以在恶劣的海况中施工,因为一旦张力腿平台安装后,平台的上下升沉、倾斜和摇晃运动都将在垂直方向上消除。

　　张力腿平台在一个固定井位安装后,可以用此平台钻多口井,甚至几十口井。并且能适应更深的海域,而价格却增加不多。所以,张力腿平台有很大的发展前途。

综上所述,张力腿平台的优点主要表现在以下几点:

(1)由于平台由张力腿固定于海底,运动响应性能优异,平台运动很小,几乎没有竖向移动和转动,整个结构很平稳。

(2)由于平台的移动很小,使得可以从平台上直接钻井和直接在甲板上进行采油操作。可以使用"干式采油树",使钻井、完井、修井等作业和井口操作变得简单,且便于维修。

(3)由于在水面以上进行作业,降低了采油操作费用。

(4)简化了钢制悬链式立管(SCR)的连接,平台运动的减少相应地对疲劳的要求降低,这对 SCR 的连接起到了很大的帮助。

当然,张力腿平台也有如下缺点:

(1)没有储油能力。

(2)由于张力腿长度与水深成线性关系,而张力腿费用较高,水深一般限制在2000m 之内。

另外一种型式平台——立柱式平台(Spar)见图 2-25。

立柱式平台的系泊方式与垂直系泊的张力腿平台不同,它的系泊采用了斜线系泊。而且系泊钢缆不像张力腿平台那样具有很大的予张力,而成悬垂线型,可以通过控制系泊索的长度,调整平台位置。

立柱式平台的优点是特别适用于深水作业。在系泊系统和主体浮力控制的作用下,平台具有良好的运动性能,抗风浪能力强,具有很好的安全性。另外灵活性好,由于采用了缆索系泊系统固定,使得平台十分便于拖航和安装,作业过后,可以拆除系泊系统,直接转移到下一个工作地点继续使用。

另外,经济性好,与固定平台相比,立柱

图 2-25　立柱式平台

式平台由于采用了系泊索固定,其造价不会随着水深的增加而急剧提高。而与张力腿平台相比较,立柱式平台的造价又要远低于现有的张力腿平台。目前,立柱式平台不断地采用突破性的新技术,正朝着大水深、高效率、强适应性的方向飞速发展。

圆筒形钻井平台,见图 2-26。圆筒形钻井平台是一种新兴的钻采平台。据说是 SEVAN 钻井公司的总裁在泳池游泳时喝啤酒把喝剩一半啤酒的酒罐放到泳池水中发现啤酒罐稳性很好、不沉不晃。得到启示,因而开发出这种圆筒形结构的钻井平台。经试验,这种型式平台稳性好,能适应各个方向的风浪,容量大,建造成本低。缺点是上下升沉略大,上层甲板面积小。该型平台由我国中远船务首建,已建造多座,目前该型平台多在巴西海域作业,钻井作业情况良好,钻井承包商反映也不错,说明钻井平台的设计和建造是成功的。

深吃水半潜式平台。近年来,半潜式平台历经数十年的发展,外形结构不断简化,提出多种型式的概念设计。深吃水钻井平台就是增加 10~15m 的吃水,既保持了半潜式平台的优点,也使平台上下升沉得到改善。见图 2-27。

如图 2-28 所示,虽然是八角形,但也是深吃水的半潜式型式。

图 2-26 FDPSO ssp650 钻井平台

图 2-27　新型深吃水半潜钻井平台

图 2-28　八角形浮式钻井平台

如图 2-29 所示为深吃水混合型三角钻井平台。主体是半潜式钻井平台,利用单柱式钻井平台的优点,在半潜式钻井平台下部增加垂荡板,以降低半潜式平台的垂荡幅度,使平台的性能大大提高。其平台的重心位置低于浮心,因此其稳心和动力特性与 Spar 平台相似。

图 2-30 所示是目前深水钻采各种装置示例,有固定式、张力腿式(TLP)、半潜式、立柱式、采油立管、FPSO 等。

2.3　固定式与自升式石油钻井平台施工工艺

上面介绍的几种典型的海洋石油钻井装备,是目前全球通用的海洋钻井装备,尤其是自升式钻井平台和半潜式钻井平台,在全部钻井装备中,占据了很大的比例。显然这是由于其自身所具有的特点决定的。如果按照平台固定和能够移动加以区分的话,钻井平台大体上可以分为 3 类:栈桥式平台、导管架平台、混凝水泥土固定平台属于固定式平台;自升式钻井平台、坐底式钻井平台、半潜式钻井平台、钻井船属于移动式(在船级社平台入级与建造规范中明确的规定);其他型式,如张力腿平台(Tlp)、立柱式平台(Spar 平台)界于固定和移动式之间,又常作为采油平台,虽然能移动,但因为是采油生产平台,很少移动,移动也困难。

图 2-29　深吃水混合型三角钻井平台

图 2-30　多种型式钻采装置

　　固定式钻井平台的钻井施工作业,就如上文所述的那样,平台建好之后,井架、钻机装在平台上,就像陆地钻井一样,平台是不动的,唯一不同的是要装一根隔水管,从泥线一直延伸到最下面的一层甲板以上,装套管头,用连接器与防喷器组相连,上装泥浆出口管,建立起泥浆循环系统。钻井程序与工艺和陆地没有什么两样。

　　自升式钻井平台、坐底式钻井平台、半潜式钻井平台、钻井船都属于移动式钻井平台。有人质疑,自升式钻井平台在海上就像一个有腿的桌子一样,桩腿插到海底,支撑"台面"离开水面,免受风浪潮的影响,钻井就像在陆地上施工一样,它怎么是移动式钻井平台呢? 还有坐底式钻井平台,在海上施工时,平台船体的下部是坐在海底的,平台根本不动,怎么也叫移动式钻井平台呢? 称它们为移动式是因为自升式钻井平台、坐底式钻井平台在来此井位之前,钻井平台是由海洋工程辅助船拖过来就位的。插桩、施工作业结束后,再拔桩、拖离井位,移动到新的井位。坐底式钻井平台也是由辅助船拖到井位,然后抛锚、注水下沉、坐到海底,定位施工结束后,排水起浮拖到新的井位。显然与半潜式钻井平台、钻井船一样,移动作业,不是永远固定在一个井位上不动。所以自升式钻井平台、坐底式钻井平台,也是移动式钻井平台。

　　虽然自升式钻井平台、坐底式钻井平台与半潜式钻井平台、钻井船都属于移动式钻井平台,但它们在海上钻井的施工作业方式、工艺是完全不同的。

　　坐底式钻井平台、固定式钻井平台的钻井工艺是一样的,平台固定安装好之后,类似陆地钻井一样。

　　自升式钻井平台,依靠桩腿,桩腿带着桩靴插到海底利用升降装置,支撑"台面"离开水面,达到一定的高度,这个高度称为"气隙",一般为 10m,因为海水的潮差再加上 5~6m 的海浪高度,这样平台就能免受风浪潮的拍击影响,钻井得以顺利进行。

　　使用自升式钻井平台,重要和关键之处在于移位作业、插拔桩作业和使用井口套管挂、泥线悬挂系统。这是自升式钻井平台与其他类型钻井平台施工作业的不同之处。

2.3.1　移位作业

　　钻井平台完成海上一个工区的钻井任务之后,自升式钻井平台需要撤离井位,拖航并进入新的井位,这一过程称为"海上移位作业"。这项工作一般分为 4 个阶段:①移位的准备工作;②撤离井位;③拖航;④进入新井位。也可称 12 道工序:①抛锚;②降船;③冲桩;④拔桩;⑤起锚;⑥拖航;⑦抛锚定位;⑧插桩;⑨升船;⑩压载;⑪升船调平;⑫起锚。

2.3.1.1　海上移位的准备工作

对新井位的海底的浅地层进行物探和工程地质进行钻探,取全、取准地质资料,弄清海底地质地貌,查明海底确无能损坏桩腿桩靴的障碍物;收集有关新井位工区的有关水深、浪高、潮差、海流和台风等水文气象资料;进行稳性计算;升降时船体作用在桩腿上的总可变荷载不得超过船的最大允许值;计算出载荷的分布和重心位置;检查设备处于良好状态;做好各种设备器材的固定工作。

2.3.1.2　撤离井位

由拖船分别将平台几个锚抛好,然后给拖船带好拖缆。开动升降设备降船,使船体降入水中,注意吃水,然后进一步下降船体、拔桩。在拔桩前,用冲桩管线向沉箱底面喷水,以消除土壤吸附力。如果平台吃水开始减少,意味着桩腿开始起升,停止冲桩,继续提升桩腿直到规定位置,拖船起锚。

2.3.1.3　拖航

注意安全和天气变化,平台上的可变载荷一定要使平台的纵倾和横倾减少到最小限度。这时,至关重要的是把平台上的井架、桩腿和平台上的设备都要固定好,决不能产生移动、错位和滑移。

2.3.1.4　进入新井位

根据风向、潮流决定进入井位的航线以及平台的就位方向,然后由拖船抛锚,放松拖缆,收紧锚缆。根据指令下降桩腿,调整下降速度,使桩腿同时插入海底。当平台吃水开始减少时,放松锚缆,使平台达到一定高度。然后向压载舱内注水,增加压力,以保证在钻井过程中不会下陷。经过观察钻井平台桩腿停止下沉后,把全部压载水放掉。然后升台,一般是船底离水面 10m 以上,把这个距离称为"气隙",规范的叫法即从船底到海图基准面的距离,通常其要考虑天文潮、风暴潮、浪高的总和再加上 1.5m 的余量。即任何潮、浪均打不到上船体。移动井架和钻台到达钻井位置,把船体调平、安装楔块、固定桩腿,其他准备工作准备好之后,就可进行钻井作业了。

海上移位作业是一项关系到整个平台和人员安全的重大作业项目。其中关键的两个作业程序尤为重要:一个为插桩;另一个为拔桩作业。插桩作业时,3 个桩腿必须同时同步下插,当桩靴接触到海底时,更要小心谨慎,不能 1 根桩腿已着地,另 2 根桩腿还未到位,因为不同步就会导致平台倾覆翻沉。即使 3 根桩腿全部接触海底,插到泥线以下也要保持平台的平衡。因为海床地质结构、岩性不同,它们的承载力、泥土的摩擦力不同,从而导致平台桩腿的插入深度不一样,也会导致平台的不平衡。所以这个作业程序是非常重要的,它涉及平台的安全。现在有的平台上配置了平衡监测系统,在插桩过程中,随时监测平台桩腿的下放高度,一旦超过设计偏差,就会报警,提示指挥作业者注意高度差,进行处置。

因此,组织指挥必须严密。在作业的几个程序中,都要按规范精心操作,严格把关才能做好。否则,就会出现事故,造成人员、平台的重大损失。1979 年冬天,我国自升式钻井平台"渤海二号"就是在移位作业过程中不按操作程序规定进行操作,为抢时间,没有按规定卸载,凭侥幸,突遇风浪,甲板上水,舱内进水,平台倾覆翻沉的,人员、财产损失惨重。

如图 2-31 和图 2-32 所示,分别为平台降台、拖航途中。

图 2-31　平台降台准备起拖　　　　图 2-32　平台正在移位拖航中

2.3.2　自升式钻井平台钻井施工工艺

自升式钻井平台钻井过程,有一个重要的特征,那就是井口在水面以上。在钻井的每一个阶段有一个套管头在上连接。

以美国"FMC"公司生产的井口装置加以说明,以了解自升式钻井平台的钻井施工工艺程序(图 2-33),设备采用英制单位标注规格($1in \approx 25.4mm$,$1lb \approx 0.45kg$)。

(1)用打桩法把 30in 海水隔管打入海底并延伸到井架底座下面一定的高度,用桁架把隔水管固定。或者用 36in 钻头钻孔,钻至一定深度,然后下入 30in 导管,用水泥固井。

26in 钻头钻 26in 钻孔。钻达设计深度,下 20in 套管,然后用水泥固井。此时套管是坐在一个焊接短节上。

把 30in 导管割至规定高度,上面焊接一个法兰;20in 套管割至该法兰上面一定高度,然后在套管上焊接 20in 套管头,并且与 30in 导管焊接。与此同时,在 20in 套管头上安装 20in 防喷器。

(2) 用 $17\frac{1}{2}$in 钻头钻井,钻至设计井深。下 $13\frac{3}{8}$in 套管,使其坐到一个悬挂器上。用水泥固井。用水冲洗 20in 套管头环形空间等处。把 20in 防喷器拉起,准备安装套管挂。

(3) 20in×$13\frac{3}{8}$in 套管挂安装在 20in 套管头内。把整组 $13\frac{3}{8}$in 套管拉起,至少超拉全部套管重量 10000lb,然后坐到套管挂的卡瓦上。

(4) 在 20in 套管头法兰顶部大约 $6\frac{1}{2}$in 的地方用套管割刀割断 $13\frac{3}{8}$in 套管并修磨光滑。在 $13\frac{3}{8}$in 套管挂上面安装 20in×12in×$13\frac{3}{8}$in 盘根补心。

(5) 在其上面把所有的套管头四通和 $13\frac{3}{8}$ in 防喷器组安装在上面。

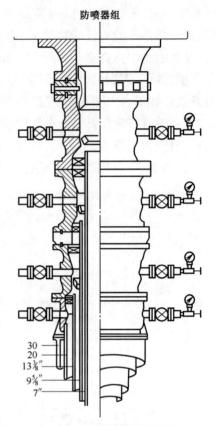

图 2-33 井口套管挂系统

(6) 用 $12\frac{1}{4}$in 钻头钻井,钻至设计井深。下 $9\frac{5}{8}$in 套管。最后 $9\frac{5}{8}$in 套管座到悬挂器上。水泥固井,并冲洗套管挂周围及出口部位的水泥。

(7) 从 $13\frac{3}{8}$in 和 $9\frac{5}{8}$in 套管四通法兰处分开,上部四通和防喷器组一起上提大约 0.6m。安装 12in×$9\frac{5}{8}$in 套管挂。超拉 $9\frac{5}{8}$in 套管全部重量 10000lb。然后放回使卡瓦受力。

(8) 在法兰以上 $6\frac{1}{2}$in 处切割 $9\frac{5}{8}$in 套管并修磨。安装 12in×12in×$9\frac{5}{8}$in 盘根补心。

(9) 防喷器和四通坐回到法兰上并连接。用试压枪试验所有的盘根密封。

(10) 用 $8\frac{1}{2}$in 钻头钻井,钻至设计深度。下 7in 套管,最后坐在悬挂器上,水泥固井。并用清水冲洗套管头部位的水泥。

（11）在 $9^5/_8$ in 和 7in 套管四通法兰处分开。吊起 7in 法兰四通和防喷器组大约 0.6m。安装 12in×7in 套管挂。拉起 7in 全部套管并坐在套管挂卡瓦上超拉 10000lb。

（12）安装 12in×7in 盘根补心。

（13）防喷器和四通坐回到法兰上并连接。

继续钻井,用 6in 钻头钻进,直到钻至设计井深、完钻。

在实际钻井设计中,一般用 $8\frac{1}{2}$ in 钻头钻到设计井深。如果平台在施工过程中,井筒下部地层有油气显示或者井段地层复杂、为了钻井安全,有必要下 7in 套管才下,而且通常以尾管形式下的。就是说 7in 套管是以尾管的形式挂在 $9^5/_8$ in 套管的下面。这样可以节省套管、降低成本。

近几年设计建造的新型自升式钻井平台的施工作业程序有所改进,这是因为现在海上钻井效率要求高,海上生产安全要求更加严格,因此配备的设备能力、性能都比过去高出很多。以井控防喷器配置为例,起码要配备 10000lb/in^2,大都配备 15000lb/in^2,而且通径都偏大。这样的话,相应的施工方法就有所改变。30in 的套管下好后,套管升出水面,在适当位置割断焊好法兰盘,用张紧绳把套管张紧。按照钻井工程设计钻下一个井段,下套管,接上 $18^5/_8$ in 的套管头,安装防喷器,再钻下一个井段,以后几层套管均在 $18^5/_8$ in 套管头内进行,最后完井。防喷器不再吊上吊下,这样既省事,效率又高,而且还安全可靠。

2.3.3　泥线悬挂系统

自升式钻井平台在一口井钻完之后,经过测试,如果没有油气显示,是一口"干井",那么就封井、切割套管,回收井口,将平台移至新井位进行下一口井的作业。如果经测试,有油气显示,发现了油气,那么就是另外做法了。地质家们就要根据该井油气测试的结果,综合其他资料,初步判断出该区域是不是储藏量大的油气田,开发前景如何,还需要进一步勘探评价。并不是说,这口井见了油气就能开采开发,还要做许多工作。但有一点必须明确,这口井还要不要,要不要保留?以后如果该区域经勘探评价,确实具有工业开采价值,油气田要勘探开发,本井还可利用,毕竟打一口井要花很多经费。如何处置呢?就在泥线部位,加装泥线悬挂系统,见图 2-34。

该系统能够在泥线或泥线以下为各个套管柱提供悬挂的功能。它能以较简单的方法从各自的泥线套管挂上脱开和回收套管柱。它的另一个作用是作为弃井或以后重返井位时,盖帽与之连接。

利用工具使海底泥线以上的套管切割并套铣,安装悬挂系统,套管的密封是金属对金属的密封,次级采用 O 形圈密封。

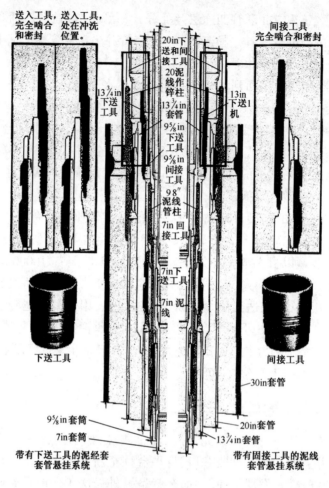

图 2-34　泥线套管悬挂系统

　　如果对该工区比较熟悉,预先在下套管的过程中,在泥线部位装一个泥线套管支承系统,见图 2-35。该系统结构简单,操作方便,不必使用专门的下送和回接工具。它的作用如同悬挂系统一样:支承泥线以下各层套管,平台撤离时回收泥线以上套管,盖上井口盖,注入防腐剂,如果开发油气田时,该井被利用,则利用回接井口套管接到采油平台上进行生产。

图 2-36 是一个油气田将要使用的一个泥线悬挂系统。

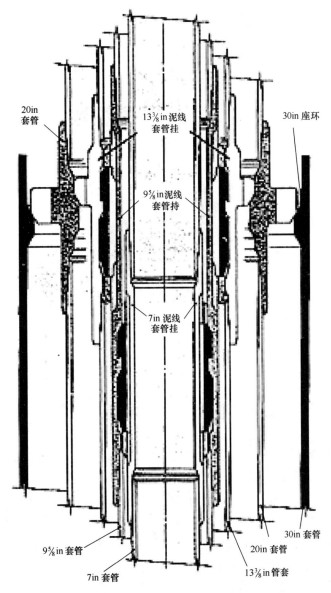

图 2-35 泥线套管支承系统

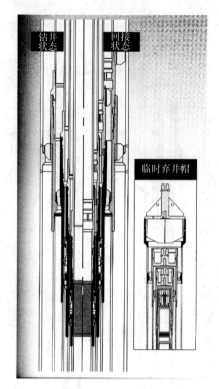

图2-36　Dril-quip公司的MS-15泥线悬挂系统

2.4　浮式钻井装置施工工艺

海洋石油勘探,随着作业水深的增加,固定式钻井平台、自升式钻井平台就逐渐不适应,浮式钻井就显现其优越性。在浮式钻井装备中,钻井船和半潜式钻井平台以及其他的浮式钻井装置在海上作业时是处于漂浮状态的。在风浪作用下,钻井平台时时刻刻都在不停地运动,即便是风平浪静,在平台上感觉好像很平稳,但实际上是处于动态的状况。钻井平台在做6个自由度的运动,即向四周平移、纵向横向的摇动,以及上下升沉运动。要想在这样的状态下钻井,这些运动问题不解决,钻井是无法进行的。

那么这些问题是如何解决的呢?

2.4.1　浮式钻井平台的定位

在茫茫大海中,井位是如何确定的呢?靠卫星定位系统。由于有了卫星定位系统,现代钻井定位的问题已经基本解决。钻井的井位如果按照地质学家们的设计得到确定,钻井平台就按照井的经纬度位置就位。然后,利用锚泊定位系统或者动力定位系统,使钻井平台维持固定在要求的位置上。卫星定位系统还会准确测量出钻井平台偏离井位几米。现在的定位技术、定位精度已经达到误差只在几米之内,这个误差对于海上钻井来说是允许的。

对于钻井平台,水平漂移是难免的,不是非要达到"不动",保持一点儿都不动是不现实的,也是做不到的。通常要求钻井平台的最大漂移不得大于水深的5%左右。然而,大多数钻井作业是在水深2%~3%以内进行的。这个范围是由水下钻井设备的性能(例如隔水管的应力,下挠性接头的转角)以及钻井作业的性质要求所决定的。因为偏离井口太大,不仅隔水管受力折断,拉坏水下钻井设备,在钻井时钻杆也要磨损隔水管、挠性接头以及产生其他问题。

定位系统是浮式钻井平台(船)的重要组成部分,其可靠与否直接关系到钻井作业的成败,庞大而有力的定位系统是浮式钻井区别于其他钻井装备的特征之一。

2.4.1.1　锚泊定位系统

钻井平台(船)的定位系统基本上可以分为两种:一种是锚索系泊系统,简称为锚泊系统,锚固定在海底,锚索把平台(船)和锚连接,使平台相对固定在一定位置,见图2-37。锚泊系统一般适用于水深1000m以内,现在运用逐渐向深水发展,可以到1500m水深。锚泊系统的锚泊点的数量至少为3点,多的可以为6点、8点或更

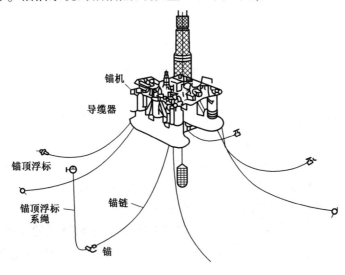

图 2-37　8 点锚泊系统定位图

多,称为多点锚泊系统,见图2-38。多点锚泊系统的作用是控制船舶的位移,对船舶的纵摇、横摇和升沉的影响很小。多点锚泊系统锚泊点的数量及其布设方式和设备配置是根据船型、水深、环境条件,以及抛起锚的方式等诸多因素决定的。但随着作业水深的增加,锚泊系统的锚链长度和强度都要大大增加,这就使其重量剧增,海上布链作业,抛起锚变得复杂困难。锚泊系统就无法满足深海海域定位作业的要求,只好另想别的办法。

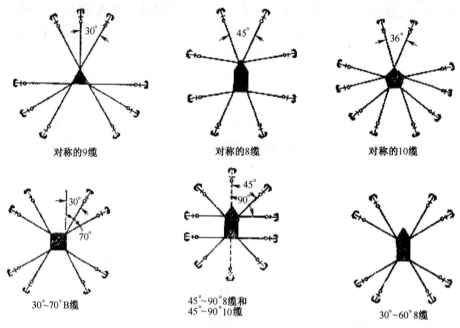

对称的9缆　　　　　　对称的8缆　　　　　　对称的10缆

30°~70°B缆　　　　45°~90°8缆和45°~90°10缆　　　　30°~60°8缆

图2-38　典型的钻井平台系泊型式

锚泊系统由锚、锚索、锚机和附属装置4部分组成,见图2-39。一般情况下,1根锚索有1个锚和1台锚机,有时由于抛锚的海床底质较硬,1个锚抓不住,就在第1个锚上再串连1个锚,以增加锚的抓力,保证锚泊的安全。为了节省空间和动力,许多船上2台锚机并成1台,共用动力。钻井平台多用8根锚索,早期也有用6根和10根的,现在因为钻井逐渐走向深水,已经有用12根的。

锚:锚的功用是插入海底产生抓力,再加上锚链在海底与泥的摩擦力,通过锚索紧紧地拉住平台。锚由锚爪、锚杆和锚柄3部分组成,见图2-40,这是著名的丹福斯(Danforth)锚。

锚爪可绕锚杆转动。锚爪与锚柄的夹角(锚爪转到极限位置)在30°~50°。夹角

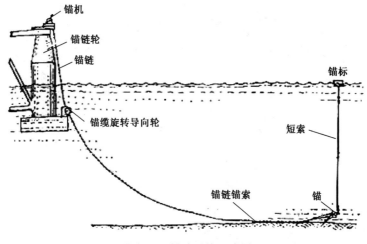

图 2-39　锚泊系统组成图

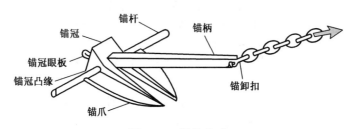

图 2-40　锚的组成

大适用软底(泥),夹角小适用于硬底(砂及黏土)。在正常情况下,即姿势正确并且不受垂向力时,锚的抓力约为其重量的 10 倍以上。锚重一般在 10~15t 之间。随着钻井水深的加深,钻井平台尺度的加大,要求锚泊系统有更大的抓力。近年来,人们对锚又有新的研究,研制出新的各类型的拖曳埋置大抓力锚,其抓力远远地超出锚重的 15 倍以上,见图 2-41。

　　近年来出现的史蒂芙帕瑞斯(Stevpris)锚,见图 2-42。它是由钢板焊接而成的固定爪锚。这类锚的抓力远大于其他各类锚,甚至在软泥中也有很大的抓力,被认为是当前最高水平的拖曳埋置锚,锚爪面积大,锚爪的两个尖齿使锚更容易啮入土中,穿透深度大,达到最大抓力所需的拖曳距离短。史蒂芙帕瑞斯锚可以承受一定的垂向负载。在现今设计的各种海洋工程作业船和半潜式钻井平台上得到广泛应用。

　　锚索:连接锚与钻井平台,承受拉力。长度约在 1000~1500m。破断拉力在 150

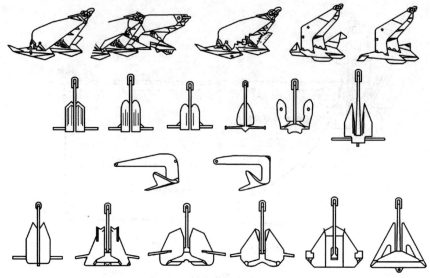

图 2-41　现代钻井平台用的锚

注:图中第一行左 1 是史蒂芙帕瑞斯(Stevpris)MK5 型锚;第一行左 2 是史蒂芙帕瑞斯 MK6 型锚;
第二行左 3 是穆尔法斯特(Moorfast)大抓力锚;第二行右 1 是著名的丹福斯(Danforth)大抓力锚。
史蒂芙帕瑞斯锚是石油钻井平台用的新型大抓力锚。

~450t 之间。锚索有链条(锚链)及钢丝绳(锚缆)两种。直径均在 50~90mm。链条每米重一二百千克,钢丝绳每米重几十千克。钢丝绳的优点是轻、垂度小;缺点是容易受伤损坏。锚链反之。钻井平台使用的有挡电焊锚链与一般的船用锚链相比主要区别在于:

(1)要求使用强度更高。如 ABS 规范规定的 RQ3 级、RQ3S 级、RQ4 级、RQ4S级、RQ5 级锚链,破断拉力都很高。

(2)尽可能使用不分节的锚链。因为有节的话,对于整根锚链或多或少也是一个隐患。

(3)要求有更好的耐腐蚀性和抗磨损性能。

"海洋石油"981 号使用的锚链,是我国亚星锚链厂生产的最高等级的锚链——NVR5 级锚链。其直径 84mm,每米重 155kg,破断强度 859t。

现在深水系泊缆已经采用较为轻质的复合材料如聚酯缆等,与钢缆或锚链混合组成,大大减轻了锚链在平台的重量。但是,中间有一个链、缆连接问题,需要解决好。当然还有锚机问题。

锚机:装在船舶甲板端部或钻井平台四角,用以收放和拉紧锚索。供锚缆用的锚

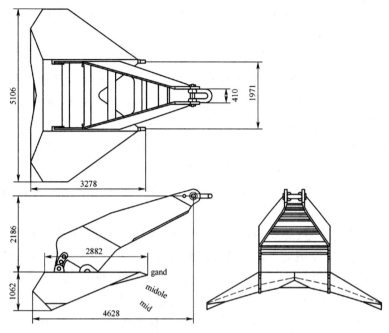

图 2-42　史蒂芙帕瑞斯（Stevpris）MK6 锚

机叫绞缆机,其配有卷筒,可存储锚缆,很像钻井绞车的滚筒。供锚链用的锚机叫锚绞机,无存储能力(锚链存储于锚链舱内)。组合锚机适用于钢丝绳-锚链组合锚索,既能收放钢丝绳,也能收放锚链。大型锚机重 20~30t,拉力 150~350t。锚机一般用电动机带动,在机侧操纵,有的可以集中遥控。

附属装置:包括测力计,导缆(链)轮,制缆(链)器、锚头缆及锚浮标等。测力计测量各锚索的张力,多集中安装于控制室内。导缆轮用于改变锚索的方向,多装在钻井船甲板边缘和半潜平台立柱的下部。制缆器用于夹紧锚索,并承担其拉力、卸掉锚机的负载。锚头缆系在锚爪头部,供辅助船起锚用。锚浮标经细缆和锚头缆相连,用以收起锚头缆并指示锚位。锚头缆多用 50mm 左右钢丝绳。

锚泊系统的排列方式很多,随气象和海况及船型等因素而定,一般均为对称锚泊。钻井平台的抛锚起锚均有专门的辅助船进行作业。

锚泊系统关系着钻井平台、船与整个钻井的安危,可靠的锚泊是顺利钻井的前提,所以必须选择好锚泊设备。

多点系泊系统从 20 世纪 50 年代以来,历经几十年的发展,从近海到远海,从浅水到深水,技术上不断取得新的突破。深水系泊的要求促进了多点系泊系统锚、锚索、锚机的发展。目前又出现了采用合成纤维索的绷紧式锚泊系统。

2.4.1.2 动力定位系统

当深水钻井时,钻井平台使用锚泊系统就不适宜了。由于水深增加,锚链的长度、重量都要增加,存放锚链的锚链舱要加大,锚机的性能、拉力也相应增大,这样就会带来平台尺度、可变载荷等一系列问题。另外布锚方式、抛起锚也变得复杂困难。所以,就须使用动力定位系统。动力定位系统是指针对平台因风、浪、流作用而发生的位移和方向变化,通过计算机等自动控制系统进行实时处理、计算,并自动控制若干个不同方向推进器的推力大小和力矩,使船舶或平台回复到原有位置。

动力定位系统开始于 20 世纪 60 年代。1961 年,美国环球海洋公司的"卡斯 1 号"(Cuss1)成为第一艘用舷外马达推进器的动力定位钻井船;另一艘装有动力定位系统的船是"尤勒卡"号,船舶的排水量约在 450~1500t;"Pholas"(福拉斯)号是英国 20 世纪 70 年代最早应用动力定位技术的船舶之一,这是一艘海洋钻井船,钻取岩芯进行地质勘探,其排水量为 6636t,安装有 12.5t 推力的推进器,这艘船至今仍在使用,只是其动力定位系统安装了一套新的控制系统。早期的动力定位系统对船舶的尺寸、形状没有什么特别要求,它只是在船上装有多台推进器,控制的方法采用模拟控制器。位置测量系统一般仅是一套垂线系统。20 世纪 70 年代起,由于海洋开发的迅速发展,特别是北海地区油气田的开发,动力定位技术有了较大发展。随着计算机技术的发展和传感器技术的提高,动力定位系统逐渐以数字控制系统替代模拟控制器,控制性能、精度有了很大提高,可持续工作时间也越来越长。20 世纪 80 年代,动力定位系统已广泛应用于钻井平台以及其他海洋工程船舶。到 20 世纪末期,动力定位系统的技术已进入成熟期。

1. 船舶动力定位系统分类。

国际海事组织(IMO)对动力定位(DP)规定了 3 种等级:1 级,2 级,3 级。

1 级:在规定的环境条件下,自动、手动定位控制和首向控制,无冗余。

2 级:在规定的环境条件下,在出现单个故障点(不包括舱室的损失)后,在规定作业范围内,自动、手动定位控制和首向控制。

3 级:在规定的环境条件下,在出现任一故障(包括舱室的损失)后,在规定作业范围内,自动、手动定位控制和首向控制。

这里需要注意的是,在第 3 级中为了保证与主 DP 控制的冗余,另需安装一套备份控制系统,并安装于一个 A-60 防护等级的单独舱室中。在 DP 作业中,这套备份控制系统应能同步得到各种输入信号,如来自传感器、位置参考系统、推进器装置的反馈信号,以备随时作好转换的准备。控制权转换到备份控制系统应该是在备份计算机上控制并手动转换,这种转换不会被主 DP 控制系统的故障影响。此外,每套 DP 计算机系统均应配置 UPS,以便实现任何动力电源故障不会影响 1 台以上的计算机。UPS 电池的能力应能实现在主电源故障的情况下提供最少 30min 的 DP 操作要求。

　　船级符号是船级社授予船舶的一个等级标志。对于动力定位系统来说,各船级社根据动力定位系统的功能和设备冗余度的不同配置授予不同的附加标志。因此各个船级社根据 IMO 的规定,也相应制定了各自的 DP 附加标志,见表 2-1

表 2-1　各船级社对动力定位系统附加标志

船级社	附加标志			
DNV	DYNPOS-AUTS	DYNPOS-AUT	DYNPOS-AUTR	DYNPOS-AUTRO
ABS	DPS-0	DPS-1	DPS-2	DPS-3
LR	DP(CM)	DP(AM)	DP(AA)	DP(AAA)
CCS		DP-1	DP-2	DP-3
IMO		CLASS 1	CLASS 2	CLASS 3

　　目前,各个船级社都针对各自的 DP 附加标志作了相应的设计及布置要求。由于船级社制定的 DP 附加标志是以国际海事组织(IMO)为基础的,因此各个船级社针对 DP 附加标志的配置要求相差无几。

　　为了在动力定位系统出现故障时,保证系统仍能够正常工作,要求系统进行备份。有了备份可以避免因系统故障而引起船舶偏离目标位置而碰撞其他结构物的灾难性事件。

　　由于备份的配置,使得动力定位系统船舶有了等级的评定。IMO 和 DNV 等都有专门的指导手册,内容如下。

　　等级 1:作业期间,当船舶失去位置时,不会危及人员的生命,不会有较大的损害,不会引起小的污染。

　　等级 2:配置后,在作业期间,当船舶失去位置时,不发生人员的伤害、污染和带来重大经济损失的损坏。

　　等级 3:配置后,在作业期间,当船舶失去位置时,不发生致命的伤害、严重的污染和带来巨大经济损失的损坏。

　　2. 动力定位系统基本工作原理。

　　动力定位系统是一个可以自动固定海洋石油钻井平台位置的智能系统。当钻井平台由于受到风、浪及流等外力作用而产生位置变化时,动力定位系统的位置测量系统能不断测出钻井平台的实际位置与目标位置的偏差数据,再根据风、浪、流等外界对石油钻井平台的干扰力,计算出使钻井平台恢复到目标位置所需要的推力大小,并能最优化地对钻井平台各推进器进行推力分配,使各推进器产生相应推力,从而使石油钻井平台保持在目标位置上。

（1）动力定位系统框图。

动力定位系统框图见图2-43。

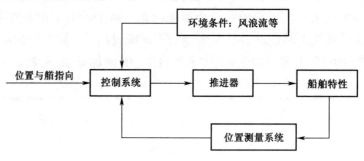

图 2-43　动力定位系统框图

（2）动力定位系统主要组成。

动力定位系统主要由 3 部分组成：位置测量系统、控制系统、推进系统。

1）位置测量系统。

位置测量系统又称定位参考系统，其功能是测量出船舶或平台相对于某一参考位置的偏差数据。

理想的定位参考数据精度应该在 0.1m～1m 内，各种定位参考单元的采用要依据环境限制，一般可归纳为以下几种。

① 声学系统，将一组声学发生器和接收器，按几何图形或基阵布置在船舶或平台上，也可以布置在作为动力定位基准坐标的海底上，前者为短基线系统，后者为长基线系统。系统通过发射器，发射声信号。经过水中传播，被接收器接受，然后根据接收到的信号，计算出船体位置。声能在水中的传播特性在很大程度上影响声学系统的性能，声学系统在较长的时间内有较好的精确度，但会有瞬时或短时间的干扰。

② 垂线系统，在船体和海底之间装一根钢索，测量其在恒张力情况下的倾斜度，然后根据船体、钢索和海底所构成的几何图形，求解船体或平台所在位置。由于海流的存在会导致钢索在长时间段的偏移，所以其精度不如声学系统，但它不会受瞬时或短时间的干扰。

③ 激光测量系统，由激光头、激光接收器及相关设备组成。激光测量系统的精确度较高，但发射、接收之间不能有物体阻挡。

④ 微波系统，由微波发射、接收设备及支持设备组成。微波系统具有较高的精确度，但会受到无线电波、天气等干扰。

⑤ 全球卫星定位系统(GPS),由空间卫星系统,地面监控系统和用户接收系统组成。能够迅速、准确、全天候提供定位导航信息,是目前应用比较广泛、精度也比较高的定位系统。差分GPS(DGPS)的精度能达到$1\sim3m$。

2)控制系统。

首先根据外部环境条件(风、浪、流等),计算出船舶或平台所受的干扰力,然后由此外力和位置偏差数据计算出保持到目标位置所需要的作用力及推进系统应产生的合力,并最优化地给推进器分配推力任务。

控制系统是动力定位系统的核心,它是一个包括数据输入,数据采集器、高、低通滤波器,PID控制器(新一代采用LQG控制器)、数据输出等单元的计算机系统(工控机)。系统配备有按照各种不同船型运动数学模型而编制的专门软件。船舶或平台在海上的运动基本为6个方向:横移,纵移,偏移(船首以某一点为圆心做左或右变相移动),横摇,纵摇,颠簸。动力定位系统忽略颠簸,测量横摇和纵摇、控制横移,纵移或偏移。

数据采集器负责采集船位、航向、纵横摇摆、风速风向等数据。经过高、低通滤波器对信号进行滤波处理,并进行适应修正和综合优化。船舶或平台在海上的运动是由风、水流、波浪、推进器等共同产生的。其运动速度为低频和高频。前者引起的慢漂运动使其缓慢地漂离原来的位置,必须加以控制;后者引起高频往复运动。动力定位系统很难并且也没有必要对高频位移进行控制,否则会大大加速推进器的磨损和能量的消耗。因此采用滤波技术,把高频分量滤掉。从滤波器出来的信号输入到各自控制器进行计算。依据最优控制原理解算出实现恢复到目标位置所需要的力和力矩,输出到推进分配模块,经该模块计算出每一个推进器的力和力矩,最后数据输出单元传输到动力定位系统的下一个部分——推进系统。

3)推进系统。

执行推进任务,使船舶或平台恢复到目标位置,从而动态地保持在目标位置上。一般由数个推进器组成(主推,左、右、尾、侧推等)。

推进系统是动力定位系统的一个组成部分,用来产生力和力矩来抗衡作用于船舶或平台上的干扰力和干扰力矩。动力系统是平台上的柴油机、发电机电站等。推进器就是螺旋桨、在动力定位系统中采用比较多的是敞式螺旋桨,导管螺旋桨和隧道螺旋桨。一艘动力定位船上不止一个推进器,有3个甚至3个以上推进器,配有主螺旋桨,横向侧推或全方位旋转侧推。典型的动力定位船有6个侧推,3首3尾。侧推的种类有管道侧推、全方位旋转侧推、泵式喷射式侧推等。各类侧推各有特色。

除以上三部分以外,还包括环境测量系统、船首向测量单元。环境测量系统包括风力传感器、潮汐测量仪、纵横摇感应系统(又称垂直参考系统(VRS))。船首向测量单元,主要是陀螺罗经。动力定位船舶除使用一台罗经为自动陀提供数据外,另外安装一到两台罗经为动力定位系统提供数据。

目前,新建造的深水半潜式钻井平台除了配备动力定位系统外,还配备锚泊定位系统。这是因为平台在较深水作业时,为了节约资金,用锚泊定位比较经济。从经营角度考虑,配备双套定位,更容易中标。

2.4.1.3 锚泊辅助动力定位

在新设计的深水浮式钻井装置上,定位方式采用动力定位系统,又配备了锚泊定位系统。这是为什么呢?我们知道,深水钻井,锚泊定位肯定不合适,那就得用动力定位,可是动力定位柴油机烧油发电成本是很昂贵的,这对油公司来说不得不考虑。特别是水深在1000m左右时,采用动力定位、锚泊定位都可以,而在这个区域又要钻多口井,这时,油公司从经济上考虑,就会选择锚泊定位。如果就一口井,预计钻井时间也不长,有可能就选择动力定位系统。这就是说给油公司多一个选择的余地。

但是,在某些恶劣海况下,单纯应用动力定位系统并不能达到比较理想的定位要求,并且无法实现推进器的功率消耗最优化。针对这一问题,海洋工程界提出了一种新的定位方式,即锚泊辅助动力定位,这一技术问题已经成为当前研究和应用的热点。

锚泊辅助动力定位是结合锚泊定位系统和动力定位系统的一种新型位置控制系统,主要包含推进装置和锚泊设备两部分。推进器的作用是控制钻井平台的首向、减少锚链受力以及钻井平台的偏移量,阻止钻井平台的动态运动,并且对可能存在的锚链断裂情况进行补偿。在深水情况下,尤其是1000~1500m的深水海域,采用锚泊辅助动力定位系统,既能满足平台在较恶劣海况下的定位精度需求,又能较大限度地降低动力定位系统的燃油消耗;在恶劣海况条件下,锚泊辅助动力定位系统可以有效地防止锚链超过断裂强度极限。此外,加装动力定位系统后,在设计锚链系统时,可以根据实际情况通过减轻锚泊系统重量或者减少锚链数量以节省成本,同时可以增大平台可变载荷,优化平台结构设计。

锚泊辅助动力定位系统与动力定位系统的不同点在于:锚泊辅助动力定位中的推进器用于抵抗钻井平台横摇、纵摇、首摇以及控制首向;而锚链则用来使得钻井平台保持在固定的位置。锚泊辅助动力定位系统可以弥补锚泊系统的一些不足:一是增加阻尼、减小摇摆;二是缓慢改变平均功率来减少作用在一根或多跟锚链上的载荷。总之,锚泊系统是可以在正常海况下使钻井平台固定在某一位置,而推进器可以在恶劣海况下起到作用。相对于动力定位系统和锚泊系统而言,锚泊辅助动力定位系统是最节能且最稳定的定位系统。

自20世纪80年代以来,锚泊辅助动力定位在商业上得到了广泛应用,也显示出不寻常的经济效益。

图 2-44 显示的是"海洋石油 981"号动力定位与 12 点锚泊定位侧面图。

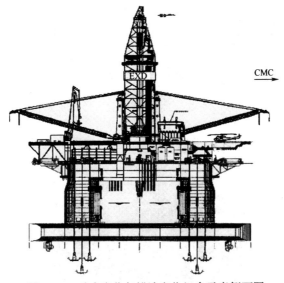

CMC →

图 2-44　动力定位与锚泊定位组合示意侧面图

2.4.2　水下钻井设备系统

浮式钻井装置在海上钻井,有一个突出的特点,就是把井口套管头放到海底泥线上,井控设备防喷器放到海底。也许有人会问,固定式平台、自升式钻井平台防喷器不是放在水面以上吗,浮式为什么不行? 是的,把防喷器放到海底会带来许多问题,给操作增添了不少麻烦,施工作业变得复杂多了,而且给安全也带来不利影响,安装时间、成本更不要说了,再说深一点,这不是自找麻烦吗。所以要把井口、防喷器放到下面是因为浮式钻井平台是动的,海水潮涨潮落,海浪、涌使钻井平台上下升沉,从海底连接到钻井平台的隔水管系统必须要加伸缩隔水管,以解决钻井平台的上下升沉问题。当钻井钻遇高压油气层时,油气流从地层溢出,迅速从井筒上升,而伸缩隔水管的内外管的动密封是难以承受地层高压油气流的压力的,必然泄漏,钻井平台的安全受到极大威胁。自升式钻井平台平台不动,没有伸缩隔水管,井口头和防喷器在水面以上,开关控制都在水面以上平台甲板上,没有这些问题。所以,为了钻井平台人员、设备的安全,浮式钻井装置就必须把井口头和防喷器组放到水下。除非水浅,用高压隔水管从海底一直延伸到水面以上,安装防喷器,上面再接伸缩隔水管,这是非常规型式,以后介绍。通常还是把井口头、井控设备放到海底。这也是浮式钻井与固

57

定式、自升式钻井平台最大的区别。放到水下的不仅是井口头和防喷器组,还有连接器、导向架、控制系统等设备,因此是一个设备系统。

水下钻井设备系统是浮式钻井装置关键配套设备(包括钻井浮船、半潜式钻井装置及其他浮动式石油钻井装置),因为是把井口头和防喷器井控设备放到海底,所以称为水下钻井设备,浮式钻井示意图见图2-45。

浮式钻井示意图水下钻井设备系统主要用途:

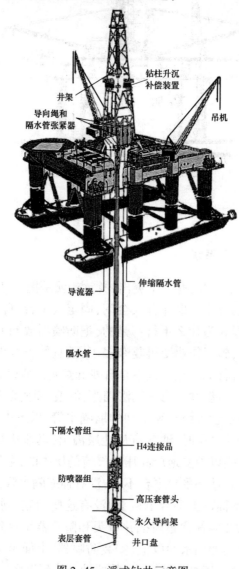

图2-45 浮式钻井示意图

（1）使浮式石油钻井装置在锚泊或动力定位条件下，在船偏离井口中心位移不超过工作水深5%（最大10%）的范围内，适应升沉、摇摆、平移的综合运动状态下进行石油钻井作业。

（2）建成海底井口与浮式钻井装置之间隔开海水的通道，以便于循环泥浆，钻具旋转钻进、提升和重返井孔。

（3）控制井喷、节流放喷或压井。

（4）承托海底各种规格套管，并保持密封。

（5）张紧在升沉运动状态下的入水缆绳和隔水管。

（6）满足石油钻井工艺需要的各项送入和取出工具和仪器的作业。

（7）在遇紧急情况下（如海况恶劣、钻井平台、钻井船井位无法保持或井喷无法控制时），可剪断孔内钻具、全封井孔、脱开隔水管系与封井系统连接，使钻井平台、钻井船安全撤离。

2.4.2.1　水下钻井设备的分类和组成

20世纪60年代初，人们第一次把井口头和防喷器放到海底。经过不断地实践和改进，使导向、安装、控制、监测、应急处理技术逐步完善并走向成熟，产品的可靠性、安全性大大提高。在市场的竞争调整过程中，渐渐筛选出几家名牌产品，成为数十年的不二选择。

水下钻井设备可分为有导向绳和无导向绳以及既可用于有导向绳也可用于无导的绳三类，这是根据钻井平台适应水深而决定的，现分别介绍如下。

2.4.2.2　有导向绳的水下钻井设备

一般由以下几部分组成，如图2-46所示水下钻井设备。这是维高（Vetco）公司的配套产品。

（1）井口系：由井口盘、永久导向架，包括导管头、通用系列的套管头组等组成，主要用于：确定和固定井口；牢固安装和封住泥线表层导管；为今后按工艺需要下入各层套管并保持密封打好基础；装设永久导向绳或海底声学信标系统；为下一步安放防喷器组提供导入连接接口。

（2）封井系（即防喷器组）：包括连接器、几组闸板防喷器（含剪切钻杆的闸板防喷器）、万能防喷器、节流阀门、压井阀门、防喷器组上接头和控制系统的水下插接器组（POD）、防喷器组导向架等，是水下设备的心脏部分和关键组件，主要用于连接和脱开井口系，防止钻遇高压油气层油气溢流、井喷事故的发生，进行压井和放喷井控与封井作业。

（3）隔水管系：包括带有隔水管系导向臂、连接器、平衡式球型接头或挠性接头以及万能防喷器和挠性压井放喷管线组成的下隔水管组,按工作水深配备不同长度的隔水管或浮力式隔水管、气控或液控密封的伸缩隔水管、带球接头和导流器的泥浆出口管组等。主要用于隔开海水循环泥浆;导入各层套管或钻具;靠上、下球型接头(或挠性接头)和伸缩隔水管以适应浮式钻井的升沉、摇摆、平移等综合运动;在浅地层钻遇天然气时进行分流放喷和钻井作业;控制井喷(装有万能防喷器)和在恶劣海况时脱开隔水管系与封井系的连接。在隔水管上装有压井节流管、泥浆上返加速管、水下控制系统软管。

（4）控制系统:由于设备中的重要部件防喷器是安装在水下的,因此从船上对其控制和监测就成了一项复杂技术。

下面重点介绍一个组件。从图2-46中看到有一个下隔水管组组件。在这个组件中,它的组成包括带有隔水管系导向臂、连接器、平衡式球型接头或挠性接头、万能防喷器和挠性压井、节流管线,以及水下控制系统阀组。图2-47下隔水管组组件,这个组件至关重要,在整个系统中,起着神经中枢的作用。连接器是连接隔水管与防喷器组的,万能防喷器是井控用的,水下控制系统阀组是控制整个水下设备的。其中平衡式球接头或挠性接头是应对钻井平台平移的。正如前述,钻井平台的水平漂移是难免的,不管采用锚泊定位还是动力定位,都不可能达到零位,保持一点儿都不动,是不现实的,也是做不到的。通常要求钻井平台的最大漂移不得大于水深的5%左右,也就是水深的1/20。这个范围是由水下钻井设备的性能(例如隔水管的应力,下挠性接头的转角)以及钻井作业的性质要求所决定的。因为偏离井口太大,不仅隔水管受力折断,拉坏水下钻井设备,在钻井时钻杆也要磨损隔水管、挠性接头等部件以及产生其他问题。所以球接头和挠性接头的偏转角最大达到10°,实践证明,这个角度是合理的,完全可以满足钻井的要求。

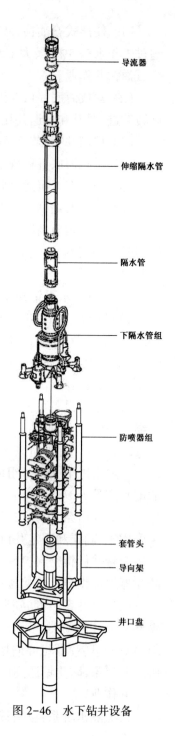

图2-46 水下钻井设备

导流器

伸缩隔水管

隔水管

下隔水管组

防喷器组

套管头

导向架

井口盘

另外,下隔水管组组装的这个挠性接头完全替代了原先的平衡式球接头,原因很简单,挠性接头尺寸较长,转角和缓,不像球接头那样突然转角,对钻具的磨损小,受力也合理,见图 2-48、图 2-49。该挠性接头也不像球接头那样需要平衡压力表减小球接头表面的磨损。因此操作简单、大大减少了维修和保养的要求。受到磨损的内表面是可以调换的防磨衬套,包括两个法兰中的"Bx"环形槽,调换方便。上下部的二个轴承环承担主要的挠性活动,每一个轴承环可以从中心线挠曲 5 度,这样一共有 10 度的挠性能力。中间的 2 块部件是密封部件,由同样的挠性材料制成,其主要功能是在内部泥浆压力和外部环境压力之间起密封作用。挠性材料是钢和橡皮的层状夹层。

该挠性接头的最大静张力 150 万 lb,最大操作张力 50 万 lb。

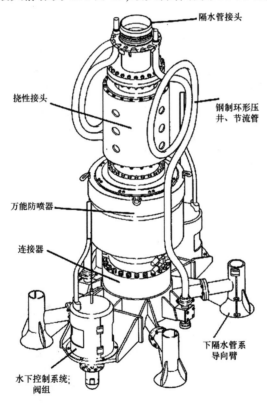

隔水管接头

挠性接头

钢制环形压井、节流管

万能防喷器

连接器

下隔水管系导向臂

水下控制系统;阀组

图 2-47　下隔水管组

在伸缩隔水管的上部,安装一个导流器,事实上这就是泥浆出口管,见图 2-50。它与伸缩隔水管的内筒相连,并牢牢固定在转盘下,左右两个泥浆流出口,使井内上返的泥浆流入到泥浆系统中。为了防止浅层气和溢出的液体,在其内部泥浆出口的上部,安装了一个橡胶密封。在导流器下部有一个球形接头,称为上部挠性接头,是与下隔水管组配装的挠性接头相对应的,在这里一般安装球接头,见图2-51。目的是解决钻井平台纵摇、横摇对隔水管的影响。当钻井平台遭遇风大浪大的时候,平台受其影响,就会有大的纵摇、横摇,导流器与平台是固定安装,平台的纵横摇必然对伸缩隔水管产生弯矩。为此,就在导流器下部配装一个球接头,避免损坏隔水管。

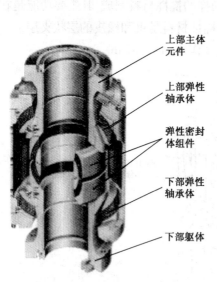

图 2-48　挠性接头剖面图

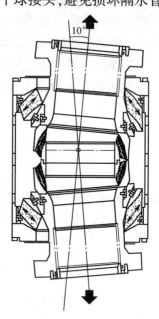

图 2-49　挠性接头转角示意图

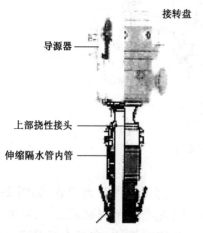

图 2-50　带球接头的导流器

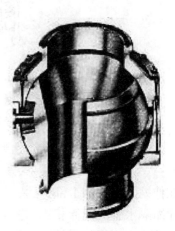

图 2-51　上部球接头

风、浪、流、潮等海况对钻井平台的影响,使平台产生了 6 个自由度运动。通过对两个挠性接头和球接头的介绍,钻井平台的运动对钻井的影响基本清楚了,就是这样解决的。也就是说,下面的挠性接头解决了平台在任何方向的水平移动,风浪使平台产生水平移动,偏离井口、因为设置了挠性接头,并提供 10° 的偏转角度避免平台移动拉断水下设备。伸缩隔水管上部导流器上装的球接头解决了平台的纵横摇,对隔水管的扭曲和弯折。钻井平台上下升沉的问题,将在后二章中专门讲述。

在下隔水管组中,还配装了 2 组黄兰控制系统阀组,这是水下钻井设备控制系统水下部分的核心组件。水下钻井设备的控制系统可以分为电—液控制,液—液控制和声学控制系统 3 种。声学控制是前两种的应急控制。最早是采用电—液控制,电缆从平台下去控制电磁阀,然后打开液控阀实现操作。由于电器元件在当时质量不太好,元器件在海水中的密封屡屡出现问题,电—液控制逐渐被液—液取代。早期的液控系统是"闭式系统",液压源将液体送给装在平台上的控制管汇,几条液压管线从这个管汇上直接通到每个防喷器,这些液压管线做成一个大直径的软管束绑在隔水管上,沿隔水管下去,控制水下的各执行机构动作。

早期钻井水浅,这种设计是合理的,必然的。但是,当水深增加时,这种型式的系统就出现了严重问题。一是钻井平台与防喷器之间所采用的粗大管束,经不起海流和风浪的冲击,常常被风、浪、流侵袭后发生断裂而失控。二是每根执行控制管直径较细,液体从平台流动到执行机构时间较长,如果增加控制管内径又不可能,因为管束更粗、更重。再细些当然更不行,那样关闭防喷器的时间就会更长,是相当危险的。

20 世纪 60 年代初,佩恩公司设计出一种新的控制系统并投入使用。水下控制阀安装在防喷器组、下隔水管组上,采用双母座系统,控制阀组既能控制防喷器组上的执行机构,也能控制下隔水管组上的执行机构,控制液从钻井船上由一根 1in 的软管通往这个水下阀门组,另外还有数十根 3/16in 的小软管,通到这个阀组,用来控制打开其中的某一个阀,传递控制信号。如果关闭防喷器时,打开阀门,一腔的压力液体由防喷器组上的储能器液体供给,流入该腔,另一腔的控制液从阀组的排出口排到海里,实现了关闭动作。由于供液是近距离,关闭防喷器的时间缩短了,从而保证了井控的安全。这种系统称为"开式系统"。这一改进,使控制系统技术前进了一大步。早期的控制系统见图 2-52。目前,钻井平台上所使用的控制系统,见图2-53。

"开式系统"最关键的是控制液。这是一种专门使用的水溶性控制液体,具有不腐蚀、不腐败、不污染、不危害海洋生物,又溶于水的特点。

随后,制造商们对控制系统不断地改进,使其操作更加符合钻井要求,更加合理和安全。近年来,操作系统达到比较完善的程度。

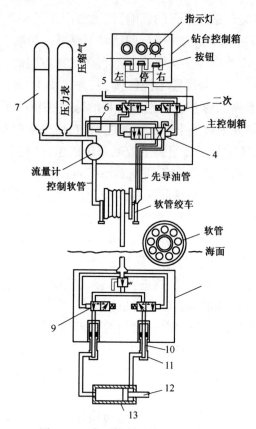

图 2-52　水下控制系统原理示意图

该系统可以分为船上部分和水下部分。

船上部分包括:储能器泵组、司钻控制板、微型控制板、蓄电器组、软管绞车、控制软管和气动绞车等。水下部分包括两套插接器组即阀组和安装在防喷器组上的储能器。

2.4.2.2　无绳索导向的水下钻井设备

无绳索导向的水下钻井设备,主要适用于工作水深超过 300m 的动力定位浮式石油钻井装置。

无绳索导向水下钻井设备的基本组成部分与有导向绳的水下钻井设备基本相同,但外形结构和导入方式不同,其导向方式是利用海底声学信标、船位仪、水下电视、ROV 并结合动力定位系统调整船位将其导入,见图 2-54。

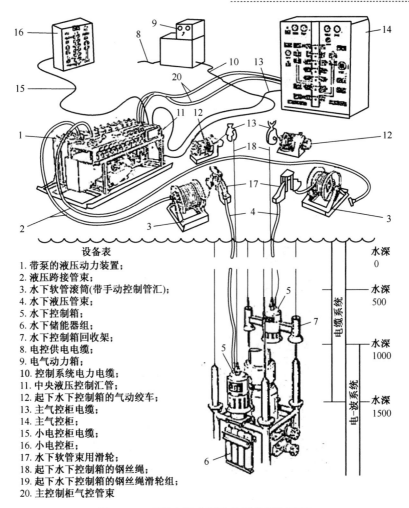

设备表
1. 带泵的液压动力装置；
2. 液压跨接管束；
3. 水下软管滚筒(带手动控制管汇)；
4. 水下液压管束；
5. 水下控制箱；
6. 水下储能器组；
7. 水下控制箱回收架；
8. 电控供电电缆；
9. 电气动力箱；
10. 控制系统电力电缆；
11. 中央液压控制汇管；
12. 起下水下控制箱的气动绞车；
13. 主气控柜电缆；
14. 主气控柜；
15. 小电控柜电缆；
16. 小电控柜；
17. 水下软管束用滑轮；
18. 起下水下控制箱的钢丝绳；
19. 起下水下控制箱的钢丝绳滑轮组；
20. 主控制柜气控管束

图 2-53　有导向绳水下钻井设备控制系统

无绳索导向水下钻井设备的基本组成,见图 2-55。

1）井口系:具有声学信标的发送装置和具有倒喇叭、弹簧销式防震触头的井口系。其套管头组件被悬挂锁紧在井口,并提供连接器相匹配的外形结构。

2）封井系:除上部具有倒锥喇叭、弹簧销式防震触头,下部具有大角度安全释放连接的连接器外,其余的闸板防喷器、万能防喷器等,与有导向绳式的基本相同。

3）隔水管系:除具有挠性接头之上的声控液压紧急脱开隔水管连接装置和下部具有大角度安全释放的连接器外,其余组成诸如万能防喷器、挠性接头等,均与有导向绳式的隔水管系统基本相同。

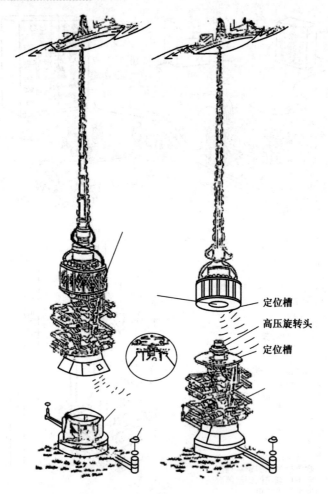

定位槽

高压旋转头

定位槽

图 2-54　无绳索导向钻井示意图

4）控制系统：采用多路传输控制系统，并结合应急的声学控制系统。

5）张紧系统：由于无永久导向绳，故不需要永久导向绳张紧器，但必须配备张力大的（或数量更多，一般在 6 个以上）隔水管张紧器。

2.4.2.3　导绳式/无导绳式水下钻井设备

图 2-56 展示的是导绳式/无导绳式防喷器组。顾名思义，这种防喷器组既可用于浅水导绳式的钻井作业中，也可用于深水无导绳式的钻井作业中。这里只展示防喷器组是因为其他组件如同前面两类介绍的一样，该类是一组两用，节约开支。

导绳式/无导绳式防喷器组具有下列重要特点：

1）隔水导管低部组件结构形式为倒锥形,减少了低部组件的高度,在钻井平台上更容易操作。隔水导管下部组件能自行定向,因而在最终对准中心的过程中可以适应高达±15°的偏心度。

2）两种连接器都能在水下控制系统液压释放 VX 密封圈,也可更换该密封圈。

3）设有水下防喷器紧急回收装置。当隔水管某处处在危险状态时,而防喷器组仍与井口连接,其他通信以及控制均已失效,此装置可迅速将下隔水管组从防喷器组上摘离并回收。

4）防喷器组构架结实,柱子牢固强大,万一防喷器组掉到海底,可以从任何一根柱子上把防喷器吊起。

5）螺栓连接的导绳更换架可以拆卸或更换,方便使用。

2.4.3　浮式钻井装置钻井施工

基本上,所有的浮式钻井装置的钻井工艺是相同的,本节以半潜式平台常规的钻井工艺和施工程序为例,说明浮式钻井装置的施工特点。

半潜式钻井平台被拖船拖往作业海域(钻井船自航至井位),按照卫星定位指定井位后,用锚泊定位或者动力定位使平台定位、固定。卫星定位必须测出现在的井位与工程、地质设计的井位差距多少,是否符合设计中所要求的数据,不符合时需重新定位,重新抛锚,直到实际井位与设计井位的差距在规定范围内。动力定位还好,可以随时调正,而锚泊定位后,松掉锚的预张力,还要观察锚的拉力变化以及井位的变化,稳定了才能开钻,这是浮式钻井的特点。

下面逐步说明浮式钻井装置的施工程序。设备采用英制单位标注规格(1in≈25.4mm;1ft≈0.3m)。

2.4.3.1　下放井口盘

钻井平台在井位抛锚泊定后,下潜到工作吃水水深。确定井位后,第一步工作是

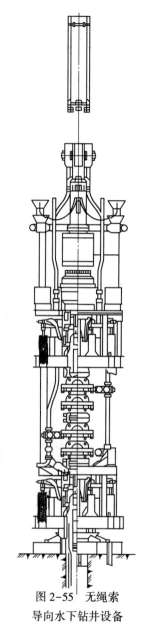

图 2-55　无绳索
导向水下钻井设备

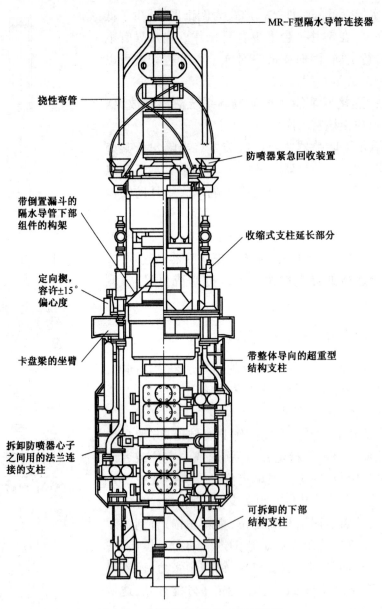

MR-F型隔水导管连接器

挠性弯管

防喷器紧急回收装置

带倒置漏斗的
隔水导管下部
组件的构架

收缩式支柱延长部分

定向楔,
容许±15°
偏心度

带整体导向的超重型
结构支柱

卡盘梁的坐臂

拆卸防喷器心子
之间用的法兰连
接的支柱

可拆卸的下部
结构支柱

图 2-56 导绳式/无导绳式防喷器组

下放井口盘。井口盘约 3m², 是一个八角形的钢板焊接结构, 有的公司做成圆形或方形, 高约 37in, 对边 136in, 中心通孔为 45in。在对称的 4 个边上各焊 1 根插腿, 这是为了: ①当井口盘下放到海底退出送入工具时, 避免旋转, 起到固定作用; ②支腿上方有孔眼,装接导向绳,导向绳的对边对角距离是按 API 标准决定的。标准规定:柱间对角距为 12ft)在井口盘的空格内放入重晶石粉或水泥,重量在 12t 左右。

井口盘的作用是:①确定井口;②安装导向绳;③承托随后下入的导向架、套管头等。

井口盘的送入工具是 1 个焊接工具。杆与体的结合为球状体,为了下放收回方便,杆可以偏转 10°。

井口盘由送入工具接钻柱送入海底。井口盘上系着的 4 根导向绳也跟着下放,绳的另一头绕过钻台下的导向滑轮、导向绳张紧器,缠绕在绞车上。4 个张紧器始终将导向绳张紧。井口盘下放到海底后,钻杆转一个角度,提起送入工具,见图 2-57,示意下放后提出送入工具。然后用气压调节张紧器的张力,使导向绳达到合适的张紧力。

现在有的钻井工艺不下井口盘,直接下导管和永久导向架,用高压海水冲孔下入导管。这样可以节省两道工序。

2.4.3.2　钻 36in 井段

开孔用 36in 开孔钻头。钻头在钻台上接好后,用多用导向臂导引下去。多用导向臂两个喇叭口,接入对角的两根导向绳中,导向臂用一根提吊绳吊起,提吊绳绕过导向滑轮接到气动绞车上,钻头下放时,导向臂跟着下放,直到钻头进入井口盘的中间通孔。然后,开始钻进。当钻完一根单根,再接一根单根,这时利用绞车把导向臂回收到钻井平台上。钻头直至钻到设计井深。见图 2-58 示意导向情况。

2.4.3.3　下 30in 导管和永久导向架

导管,即下到井内的第一层套管。它用来防止海底泥线地表地层坍塌并为以后安装其上的永久导向架和防喷器组提供可靠的支承基础。

一般 30in 导管的壁厚约 1in,为使海上作业连接迅速,节省时间,管与管的连接采用一种快速接头连接。导管下端接导管引鞋,上部顶端接 30in 导管头,导管头用压板与永久导向架连接。

30in 导管头是一个锻钢件,有泥浆返出孔,导管头用送入工具送入。

永久导向架是一个焊接结构,形如倒置的桌子,柱间对角距按照 API 规范为 12ft,同导向绳对角距离一样。导向柱是圆柱形管子,开有长槽并带活门,以便穿入导向绳。导向架下部为球面状,保证坐到井口盘的中心喇叭口上,使永久导向架不受井口盘的倾斜影响。永久导向架的作用是导正随后下入的防喷器组。

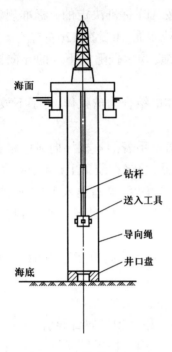

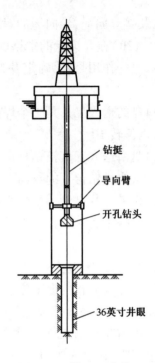

图 2-57 下放井口盘   图 2-58   钻 36in 井段

在送入过程中,导管用多用导向臂或者简易导向器作为导向工具,使导管引入井口盘的中心通孔内。导管按照设计一根接一根地连接下入。导向臂要视水深和导管下入深度适时提上来或者采用简易导向器不提。最后钻杆接送入工具并与导管头连接下放,直到导管下入设计井深,永久导向架坐到井口盘上。然后循环泥浆,固井、候凝,退出送入工具提钻。

如不用井口盘,就直接用冲洗法,一边冲一边下入导管,直到永久导向架接触到海底,然后固井,见图 2-59。

2.4.3.4 钻 26in 井段

两种方法,一种用泥浆钻井,就要安装 30in 锁销连接器,上接隔水管,建立起泥浆循环通道。这是一套完整的隔水管系统,包括锁销连接器、挠性接头或球接头、隔水管、伸缩隔水管和导流器等。由于隔水管的内径一般为 20in,因此,钻此井段用 26in 可涨式钻头,没有泥浆压力时直径为 $17\frac{1}{2}$in,钻井时有了泥浆压力,牙轮臂张开,直径变成 26in。钻进时,泥浆通过隔水管返回钻井平台上。

另一种方法是海水钻进,不用安装 30in 锁肖连接器,没有循环通道,直接用 26in

钻头,用海水作为钻井液,钻出 26in 井眼,岩屑返到海底。此法不宜钻深,钻到设计井深后,用稠泥浆灌满井眼,以免坍塌。

用哪种方法,视地层地质情况,按工程设计要求决定。图 2-60 为海水钻进。

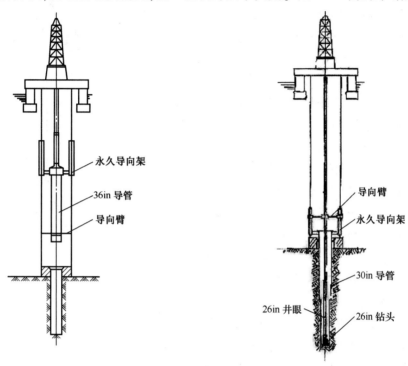

图 2-59　下导管及永久导向架

图 2-60　钻 26in 井段

2.4.3.5　下 20in 套管

26in 井眼钻成后,就要下 20in 套管。下法如同下 30in 导管一样,在钻台上连接,管的连接是丝扣连接。套管下端装套管鞋,装导向臂。导向臂把套管导进井眼后,就可拉起导向臂。下放到最后一根套管时,接 18¾in 套管头以及送入工具。钻杆把套管头送入海底,坐到 30in 导管头上并卡牢,使套管重量全部悬挂在海底。循环泥浆,固井,候凝,退出送入工具提钻,见图 2-61。

2.4.3.6　装防喷器组和隔水管系统

防喷器组和隔水管系统是水下钻井设备的核心部件。其功能是建立泥浆循环通道,导引钻头、钻具,同时控制钻井过程中地层可能出现的高压油气,预防井涌,防止井喷。防喷器组是一个整体装置,部件装在一个钢结构的框架内。其中包括连接器、

两台双闸板防喷器、万能防喷器、上接头、插件器阀组母
座、压井节流阀和其他阀件。下隔水管组也是一个整体
装置，包括连接器、万能防喷器、挠性接头、环形高压管
和水下控制阀组(插件器)等。安装下放前，分别将它们
放在水下钻井设备通道内。安装时，用运载小车或行车
运至船井中央活动门上组装。然后，经过严格的检查、
测试、试压合格后，接第一根隔水管，并把控制软管接到
张紧器上，各项工作按程序准备好后，慢慢下放。

在浮式钻井作业中，此项作业系大型工程作业，是
多人员、多工种的作业。在隔水管组装下放过程中，除
了钻台上组装隔水管外，有场地上的准备，有甲板上的
吊机起运，还有船井中的各种绞车、张紧器都在同步开
动、下放，所以，统一指挥，精心组织，密切配合是非常重
要的。在下放过程中，还要对每一根压井节流管线进行
试压，确保连接正常。隔水管接好后，连接伸缩隔水管
以及导流器，在月池(船井)中连接压井节流软管，适时
安装连接隔水管张紧绳。

下放到位时，防喷器组框架 4 角管柱套着导向绳滑
下，分别套在永久导向架的 4 根导向柱上，使防喷器组下
面的连接器正好对准套管头。这时，利用升沉补偿装置
进行"软着陆"，使连接器坐到 $18\frac{3}{4}$ in 套管头上并与之
连接、锁紧。上面导流器与船体连接。各式张紧器调正
到合适张力。然后，下试压堵对连接器进行试压，合格后，安装才告结束，见图 2-62。

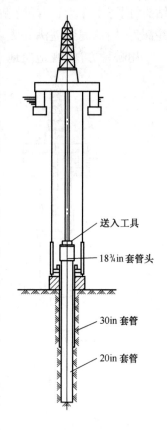

送入工具

$18\frac{3}{4}$in 套管头

30in 套管

20in 套管

图 2-61　下 20in 套管

2.4.3.7　继续钻进及下套管

防喷器组隔水管装好后，再钻井就用泥浆钻进，泥浆及岩屑就可以返回船上，钻
头也能方便地进入井内，钻进工作也与陆地相似了。前面几道工序一般都是用海水
钻进，没有泥浆循环，岩屑也不回收。接下来是用 $17\frac{1}{2}$in 钻头钻至设计井深，然后下
$13\frac{3}{8}$in 套管，套管一根一根下到井内后，最上端接 $13\frac{3}{8}$套管挂，套管挂与盘根连在
一起。盘根密封是金属对金属的密封。套管挂是通过送入工具来送入的。送入工具
把套管挂和盘根送入套管头内坐定，并固井。然后退出送入工具，拧紧套管挂的盘根
总成密封，试压合格，送防磨补心。然后用 $12\frac{1}{4}$in 钻头继续钻井。钻到设计井深，起
钻。下 $9\frac{5}{8}$in 套管，下套管程序如同上面下 $13\frac{3}{8}$in 套管一样。套管挂仍挂在同一个

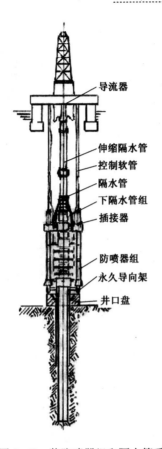

导流器

伸缩隔水管
控制软管
隔水管
下隔水管组
插接器

防喷器组
永久导向架
井口盘

图 2-62　装防喷器组和隔水管系统

套管头内。9⅝in 套管挂坐到 13⅜in 套管挂之上。同样,固井,退送入工具,拧盘根总成密封至试压合格。

再用 8½in 钻头钻进,钻到设计井深。下 7in 套管。下 7in 套管有两种方案,一种是从上至下,下完满眼套管,接套管挂,另一种方法是下 7in 尾管,挂在 9⁵/₈in 套管下部,7in 尾管与 9⁵/₈in 套管有一点儿的重合段。操作程序同上。

7in 尾管下好之后,用 6in 钻头钻进,一直钻到设计井深。

图 2-63 是维高公司的 SG-5 系列套管头组,一种为标准型,另一种为加强型,可供用户选择。图 2-64 是 SG-5 系列套管头和套管挂安装剖面图,显示各尺寸套管挂安装的位置。

浮船钻井程序复杂之处,实际上就是安装水下钻井设备井口装置的作业。钻井

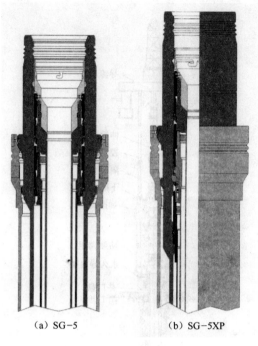

(a) SG-5   (b) SG-5XP

图 2-63　SG-5 系列套管头组

结束后,水下钻井设备井口装置收回。尽量多回收一些套管,用切割器切割或炸药炸断。如果获得工业油气流,需要保留井口,就在套管头上盖上井口帽。

图 2-65 是现在国际流行的通用的海底套管程序,泥线悬挂系统在此也一并呈现给读者,它是自升式钻井平台用的,每层套管具体下多深,要根据地质情况,由地质和工程方面的技术专家确定,目的是保证钻井和施工的安全。

随着科学技术的进步,钻井装备和配套设备、钻井工艺技术都有了长足的进步,施工工艺也在不断地改进和发展。上述的这些是按照正规的程序进行施工作业的。现在根据实际情况,工艺作了很多改进。如原来水下作业,安装下放组件用水下电视观察,现在不用了,用 ROV 观察,方便自如,一目了然。有些井根本不用井口盘,永久导向架直接装上 30in 套管,在 30in 导管前端装上冲洗头,用冲洗法海水喷射钻进,边喷边下至 80m 左右,固井,井口建立起来了,按照有导向绳的钻井工艺进行钻井。

现在深水钻井,一般都采用动力定位,再加上有 ROV 支持,不用导向绳,连永久导向架都不用,开钻就接 30in 导管,边下边冲,直接冲到预定的深度,固井,建立井口,下一步就按无导向绳程序钻井了。这一井段较浅,很快就会钻完,然后下 20in 套

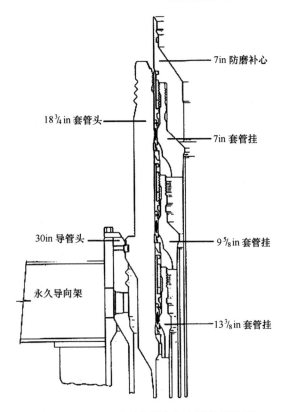

图 2-64　SG-5 系列套管头与套管挂安装图

管,上接 18 3/4in 的套管头,固好井之后,下放安装防喷器组、隔水管等,以后的施工就在隔水管里进行下钻、起出了。这样既省时间,又节约成本。

从图 2-66 中就可看到在泥线上就是导管头井口,没有井口盘和永久导向架。当然,钻井平台要配置动力定位系统,使用的是无导向绳的水下钻井设备。

2.4.4　浮式钻井装置非常规钻井施工作业

在浮式钻井作业中,由于环境和水域的不同,尤其是水深的因素,决定了施工方法的不同。近年来,随着钻井工艺不断发展,浮式钻井水下设备的配置方式,也有许多改变。如上所述,就连自升式钻井平台的防喷器也选择高压、大通径的,所以施工工艺就有了改变。目前,浮式钻井平台也一样,按照施工不同的环境,不同的要求,在既保证安全的前提下,又能经济快速地进行钻井,在不断实践中,钻井工艺和设备配套也有所创新和改进,如水下防喷器的安装就有 3 种不同的方式。见图 2-67。

75

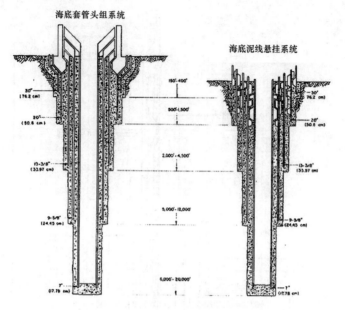

图 2-65　标准的海底套管程序

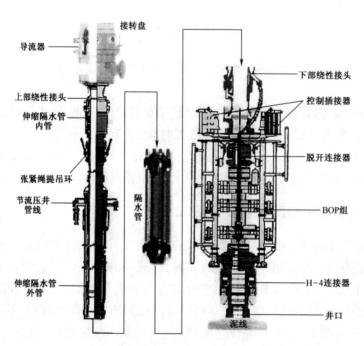

图 2-66　不用井口盘永久导向架的水下钻井设备配置图

第一种是将防喷器组安装在水面之上,安装位置装于立管(隔水管)之上,伸缩隔水管之下。这种形式一般用于张力腿平台和立柱式平台进行生产钻井作业。隔水管承受高压。

第二种是将防喷器组安装在海底泥线套管头组之上,即上面叙述的常规浮式钻井施工方法。这是用得最多、最为普遍的一种方式,适用于深水浮动式钻井平台的勘探钻井和生产钻井作业。隔水管承受低压。

第三种是将防喷器组安装在水面之上,也是安装在隔水管之上,伸缩隔水管之下。水面防喷器下部与隔水管之上的水面井口头相连接。在海底井口头之上增设了一个环境安全保护设备(ESG)。该装置主要包括液压连接器和剪切全封闸板防喷器,以便在海况恶劣、应急条件下关闭防喷器并切断井内钻具,使防喷器全封,必要时脱开连接器,撤离井口,这就保护了环境和人身设备的安全。

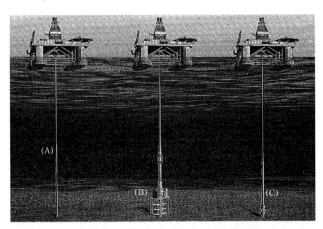

图 2-67　半潜式钻井平台防喷器 3 种安装方式示意图
(A)——水面防喷器钻井　(B)——常规海底防喷器钻井
(C)——带有 ESG 的水面防喷器钻井

深水石油的勘探开发促使干式防喷器,即水面防喷器技术,水下应急关断装置的出现发展,以保护水下井口的安全及防止钻井立管的失效。环境安全保护设备不仅可以安全封密井口,并且可在紧急情况下解脱钻井立管,保护平台,见图 2-68。

在早期发展过程中,对于这个装置有不同的名称,如海底关断解脱装置或环境保护装置、环境安全保护装置,现在都统称环境安全保护设备(ESG)。

最初,水下紧急关断的设计仅是为了满足基本功能,装置中仅有一个防喷器。现在又增加了一个防喷器,这样的改变是为了在剪切钻杆后,可以悬挂剪切后在井内的钻杆柱。

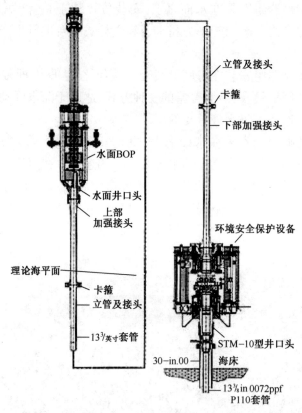

图 2-68　带有 ESG 的水面防喷器钻井总体配置图

　　当然,使用单防喷器是贯彻简单和实用的原则,因为毕竟使用率很低,只有在万不得已的情况下才剪断关闭。

　　图 2-69 是卡姆伦(Cameron)公司提供的、典型的深水水面防喷器钻井专用设备的总体配置图。水面防喷器装在隔水管之上,伸缩隔水管之下。在立管顶部还提供了今后可与采油树连接的上部采油树接头。为适应用户有可能将采油树装于海底,还在环境安全保护设备之上提供可与采油树连接的下部采油树接头(Lower Stress Joint)。环境安全保护设备主要包括液压连接器和剪切全封防喷器,以便在海况恶劣等应急条件下关闭防喷器并切断井内钻具,防喷器全封,必要时脱开连接器,上提全部隔水管,所有装备撤离。这就有力地保护了环境和人身设备的安全。

　　图 2-70、图 2-71 分别显示卡姆伦(Cameron)公司的环境安全保护装置单闸板防喷器和双闸板防喷器。

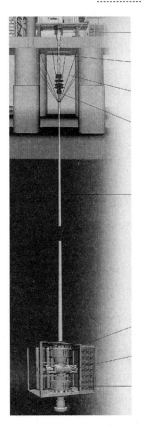

图 2-69　深水水面防喷器总体配置效果图

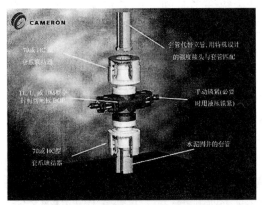

图 2-70　卡姆伦公司的环境安全
保护装置单闸板防喷器

图 2-71　卡姆伦公司的环境安全
保护装置双闸板防喷器

2.5 深水和超深水钻井需要解决的几个突出问题

近年来,深海石油勘探作业被认为是石油工业的一个重要前沿阵地。随着海洋石油勘探技术的发展,人们现在已越来越向深海挺进。

随着水深的增加,深海钻井作业遇到的技术问题变得复杂多了,绝不仅仅是"水深了一点"这么简单。

(1)钻井平台的定位问题。

正如上述那样,锚链定位不仅定不了位,光锚链的重量,平台就难以承受。所以,采取的措施是:水深在 500~600m,钻井平台自带锚链;水深在 500~1500m,需要采用辅助船预抛锚的方式,采用组合锚索。

一般海上作业区域水深超过 1000m 时,为了保证钻井作业工作时平台的最大漂移应控制在水深的 5%范围内,锚泊定位难以实现精确定位。钻井平台基本就用动力定位系统进行定位。

(2)钻井水下设备的安装导向。

随着水深的增加,导向绳越来越长,直径也变粗了,要张紧它达到一定的张力,张紧器要设计得非常巨大,平台上的载荷也要增加很多,这显然是不足取的,所以就要采用上述介绍的无导向绳的钻井水下设备。

这两个问题在前面有关章节都做过详细叙述,不再赘述。

(3)钻井效率的问题。

水深加大后,光在海水井段起下钻,就要花费许多时间。如果水深 3000m,这个深度就相当于一口浅井的井深了,再加上泥线以下 3000~4000m,也就是 6000~7000m,深水钻井的成本又高,无形中"海水段"的起下钻是一个很大的浪费。所以,深水钻井要解决钻井效率的问题。

为了提高深水钻井的作业效率,一方面是提高钻机正常运行的比率,减少维修设备的时间、等待时间,做好工序间的衔接;另一方面要改善设备的配套,钻井平台配装双井架双钻机作业系统,钻井作业及其辅助作业同时进行。如主井口在正常钻井的同时,另一台钻机可进行下套管作业,待下套管的长度达到要求的长度时,主井口已钻至要求井深,起钻。这时操作动力定位系统,使钻井平台位移,将套管柱移到主井口处,进行下套管作业。这样,主辅钻机两种作业并行,大大提高了作业时效。据测算,双井架钻井作业效率相对常规钻机效率提高约 35%,这对于深水和超深水钻井作业尤为重要。图 2-72 为双井架钻机示意图。

现在,因为涉及专利使用问题,人们在建平台时,使用一个半井架,即所谓离线钻机。离线钻机没有专利保护,它将部分辅助作业活动由辅助装备完成,可以与主钻机并行。如配置起升及接立根、装拆套管、井底钻具组合等,具备双井架的大部分功能,这样作业效率也会得以提高,见图 2-73。

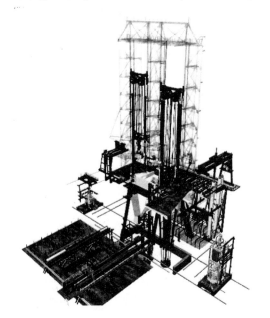

图 2-72　双井架钻机示意图

图 2-73　离线钻机示意图

(4) 隔水管问题。

究竟用什么样的隔水管才能适应深水作业呢？近几年来,国外深海油气钻井勘探中,曾因隔水管的损坏断裂引起了不少钻井事故,损失巨大,所以隔水管的设计、使用成为一个非常重要的问题。

随着作业水深的增加,隔水管的受力变得更加复杂,隔水管柱仅仅由于本身的自重就会产生很大的应力。这就要求隔水管的设计更合理,壁厚、长度、重量选择均衡,材料要求高,连接接头要求更强、更牢固,密封更可靠。而且要求连接迅速简单,用时短,因为用时过长就使下放速度减慢,增加辅助时间。

另外,为了节省下放时间,减少连接次数,每根隔水管从原来的 50ft(15.24m)增加到 75ft(22.86m),甚至设计成 80~90ft。当然,每根隔水管的浮力也要增加,至少要保证每根隔水管自己能浮起来。浮力小时,隔水管受力情况不好,容易弯曲导致损坏;浮力大时,一旦某一根隔水管损坏断裂,其上面的隔水管就像炮弹一样直冲钻井平台舱底,发生撞船事故,所以浮力设计必须得当,精心计算出每根隔水管的浮力。

由于作业水深增加,浮力材料受海水压力增大。所以对浮力材料要进行特殊处理,避免压扁。有的采用金属浮力筒或浮力箱,能承受高压,也使浮力能得到控制。另外隔水管的外形、直径也很讲究,避免产生过大的涡流,使隔水管侧向力加大。此外,还要控制共振,以免隔水管损坏。

总之,隔水管的设计和选用必须根据实际作业水深进行创新的设计,以减少在恶劣的风、浪、流环境下对隔水管造成的损坏。目前,经过专家们的努力,不断探索,隔水管的设计制造已趋成熟,隔水管已经可以在3000m的作业水深时使用。

图2-74和图2-75是美国一家公司为水深10000ft(3048m)钻井使用设计生产的隔水管接头。

图2-74 深水隔水管

图2-75 深水隔水管接头

另外,深水钻井平台隔水管的排放也是一个值得研究和认真对待的问题。如果水深3000m,就要配装3000m的隔水管,每根如果25m,就要120根,这么多数量的隔水管如何排放? 使平台的总体布置更为合理。既不影响稳性,而且还便于固定,便于操作,又易于维护保养。

　　为此,深水钻井平台的设计者,对于隔水管的摆放不知经过多少次的论证,垂直排放和水平摆放各有优缺点。水平摆放搬运方便,维护方便,但占用场地、空间过大,平台重心提高。垂直排放占地空间小,平台重心也可降低,搬运也比较方便,缺点是对于隔水管下部母接头的保养有一定的困难。现在人们一般采用垂直排放或垂直与水平混合排放的方式,这样占用甲板面积少,有效地利用了空间,优缺点兼而有之。"海洋石油981"号就采取混合排放。隔水管的存取需有专门的取放运载设备,以便快捷安全地存取,节约辅助时间。浑水钻井平台隔水管的排放见图 2-76、图 2-77 和图 2-78。

图 2-76　隔水管横放在钻井平台的甲板上

图 2-77　横放隔水管吊运行车

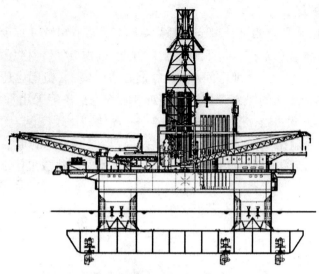

图 2-78　深水钻井平台的设计一般采用垂直排放或垂直与水平混合排放的方式
图示为混合排放

（5）深水钻井水下设备系统的控制。

关于水下钻井设备的控制，在水下钻井设备的组成一节作过介绍，浅水钻井水下钻井设备的控制是水下控制阀安装在防喷器组上，控制液从钻井船上由一根 1in 的软管通往这个水下阀门管汇，另外还有几十根 3/16in 的软管用来打开控制阀（SPM阀）传递控制信号。一个功能有一根管线。如果关闭防喷器时，打开该防喷器关闭阀，控制液从储能器迅速流入防喷器关闭腔，推动活塞进行关闭，另一腔的控制液通过管线从管汇阀板上关闭阀排出口排到海里。这样关闭防喷器的时间减少了。由于水下设备的功能多，因此，控制软管尽管每一根软管较细，但是控制功能多了，捆绑在一起，总的控制软管是相当粗的，如果是深水，缠绕存放软管的绞车可想而知，那该多大呀！再说，由于水深的增加，距离远了，控制反应速度也慢，不能达到安全控制的要求。因此，深水钻井就不能采用电—气—液—液控制了，而采用电—液多路传输控制系统，并结合应急的声学控制系统，见图 2- 79。图示是 Shaffer 公司深水水下钻井设备电渡多路传输控制系统示意图。

电—液多路传输控制系统主要以水面的液压动力单元和水下蓄能器的液压液体为动力，通过水面的司钻控制板或辅助应急控制盘的指令，由数据编码的多路传输系统将信号传递到水下防喷器上黄兰控制器，然后由解码器解码放大驱动电磁阀，打开SPM 阀，蓄能器的控制液经梭子阀进入执行腔，完成要求的规定动作。很显然，它不

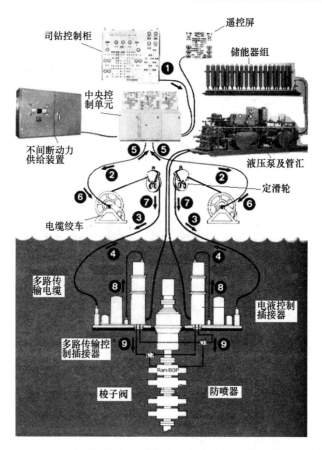

图 2-79　shaffer 公司深水水下钻井设备电液多路传输控制系统示意图

是采用电—气—液—液方式来操作,而是电信号经解码放大,直接开启 SPM 阀,达到开关执行机构目的的,见图 2-80。因为是电信号控制,所以下水电缆、液压管较细,这样对于深水钻井控制较为容易。

在深水钻井中,为了安全还必须要加装声学应急安全保护系统。该系统的信号是水面发出,通过水中的接收器转换到电磁阀上执行动作,水下蓄电池供电。

(6) 关于泥浆上返加速问题。

在浅水常规钻井中,钻屑由泥浆携带上返至海底,井筒突然变大,泥浆上返速度变缓,岩屑颗粒下落,岩屑混淆,这样不仅给地质录井带来麻烦,而且在防喷器内腔处造成岩屑堆集,时间长了,还容易造成卡钻。(现场的地质工程师是根据泥浆上返带上的岩屑到达泥浆槽的时间长短、前后顺序来描述地层的岩性、厚度的。)所以,这个

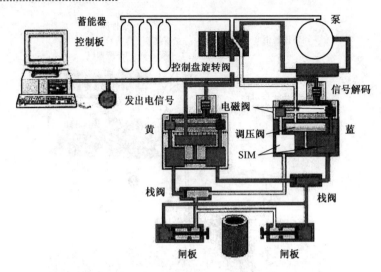

图 2-80　电液多路传输控制系统原理图

问题比较突出。现在处理的方式是利用节流管线泵注泥浆至下隔水管处,加速泥浆上返速度。保持原来的泥浆上返的速度不变。

深水钻井作业时,此问题更加突出,因为水深了,隔水管长了,泥浆上返的路线长了,泥浆返到井口,岩屑更乱了。所以泥浆上返加速问题,在深水钻井中必须妥善加以解决。因此,就专门在隔水管上设计加装了一个泥浆提速管,钻井平台泥浆舱有专门泵送,见图 2-81。显示有泥浆加速管的隔水管接头。

图 2-81　深水隔水管接头

从图 2-81 中看到中间一根粗管是通泥浆的,钻井时钻杆柱从中通过,上返的泥浆带着岩屑上返回井口泥浆出口管。旁边有五根细管,左右两边两根分别为压井与节流管,前面略细的两根管分别为水下防喷器兰、黄控制管线,后面略粗的一根就是泥浆上返加速管线,上端它与平台上泥浆泵输出口连接,下端连通到隔水管内,泥浆在此注入,起到加速作用。

(7) 压力梯度问题。

通常在钻井时,一方面要求钻井液的液柱压力最小值要大于油层的孔隙压力,压住油气,防止井喷。另一方面又要求钻井液的最大液柱压力小于地层的破裂压力,以防止地层被压裂,发生井壁坍塌、井漏的现象。而深水钻井所带来的问题,就是地层孔隙压力和破裂压力梯度之间较小的余量。作业水深增加后,泥浆液柱压力往往把地表地层压裂,造成井漏。为此不得不多下套管。这样不仅不经济,而且有很大的操作风险。

从目前对 2000m 水深的隔水管系统进行分析、研究中发现,水深在 2000~2600m 是常规隔水管的实际极限。

超过 2000m 水深的隔水管,主要障碍是在泥线处由重泥浆所产生的静水压头可能有 7500lb/in^2 左右,并随钻井深度成比例地增加,而在泥线处的正常海水压力仅为约 3000lb/in^2。据信,这种特别高的压力可能造成地层的严重开裂。尤其是对那些软地表地层,更要注意。所以在对该海区进行勘探开发钻井前,必须对海底底质、地形、地貌、地表、地质进行调查,地表是泥岩还是砂岩,是软泥还是铁板砂,弄清软硬承压情况,地层结构情况。当然,现在海上钻井都要进行海底工程调查,对于深水钻井来讲尤其重要。如果经过调查,地表地层软、不能承受高压,那么就要采取措施,避免发生意外。

现在有一种新的钻井工艺方法,称为双密度钻井方法,如图 2-82 所示。

该方法是泥浆泵把钻井泥浆泵入钻杆,经钻头喷嘴喷出,钻杆带着钻头旋转进行钻井,上返泥浆带着岩屑沿套管在海底泥线井口处由专用管线旁通直接返回平台,而钻杆和隔水管之间是海水,这样对地表地层形成双密度,泥浆柱静压压头减小了,这样对地层的压力减小,地层就不会被压裂,从而保证井的安全。

这种方法对隔水管的承压要求低了,但必需增加泥浆上返管线。

另外一种方法是利用泥浆举升泵,通过管线控制驱动安装在 30in 或 36in 水下井口头上的泥浆举升泵,把从井底返回的泥浆通过专用的管线泵回到平台上,完成钻井作业。这种方法减少了地表地层的压力,也改善了隔水管的受力状态,同时也减少了泥浆泵的功率。当然这必需加装一套泥浆举升系统,见图 2-83。

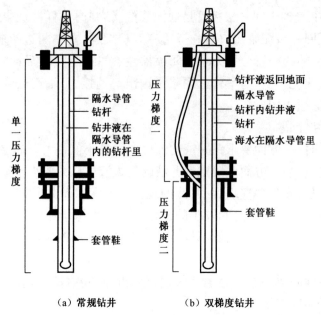

（a）常规钻井　　　　　（b）双梯度钻井

图 2-82　常规钻井与双梯度钻井比较示意图

　　为了实现双梯度钻井,还有一种方法,泥浆中注入空心球构成第一压力梯度,见图 2-84 。采用这种方法是向海床以上至平台的隔水管柱中注入用轻金属或玻璃、塑胶、合成复合材料做成的空心球,来降低钻井液的密度,使其压力梯度降低,构成第一压力梯度。空心球与钻井液在平台上先混合好,再通过泥浆泵将其泵送至海底,经稀释处理后,自隔水管的控制阀由隔水管柱底部泵送至环空中,即形成了第一压力梯度。常规钻井液则是通过平台上的泥浆泵,经由水龙头进入钻杆柱内,再由钻头喷出返回。

　　另外还有两种方法构成第一压力梯度。一种方法是用空压机将一定量的空气压送至海底,再注入到隔水管的环空中,使上返泥浆中充气,密度降低。

　　再有就是注入海水,用平台上的海水泵,注入到隔水管里,因海水密度低于常规钻井液的密度,于是就构成海床以上的隔水管环空中的海水柱的压力梯度小于常规钻井液柱的压力梯度,形成双梯度钻井。

　　简言之,采取这些措施的目的,就是降低隔水管这一段环空泥浆的密度。

　　（8）其他问题。

　　由于作业水深的加深,原先设计使用的扭力加压工具不适应了,司钻台上加在钻杆上的扭力,到达套管挂盘根上由于钻杆柱太长,扭力逐渐衰竭,套管挂盘根加不上

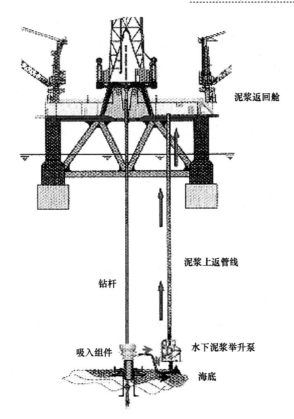

泥浆返回舱

泥浆上返管线

钻杆

水下泥浆举升泵

吸入组件

海底

图 2-83   返回泥浆举升系统

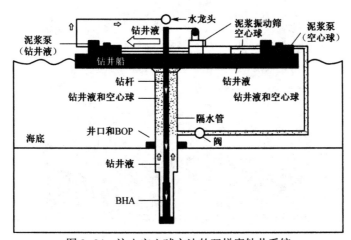

水龙头

泥浆泵
（钻井液）

泥浆振动筛
空心球

泥浆泵
（空心球）

钻井液

钻井船

钻杆

钻井液

钻井液和空心球

钻井液和空心球

隔水管

井口和 BOP

海底

阀

钻井液

BHA

图 2-84   注入空心球方法的双梯度钻井系统

力,达不到原来拧紧盘根的目的。故必须加以改进,现用钻杆内部的液压进行操作。

由于平台配备动力定位系统,双井架双作业系统以及钻井绞车和泥浆泵功率和数量的增加,隔水管的加长和数量增多,张紧器张力的加大等,给钻井平台的设计带来一系列的问题:动力配置功率加大、泥浆舱容和储量增大,甲板面积也要相应增大等,采取一系列平衡、优化设计措施后,才能满足这些需求。

总之,深水钻井与浅水钻井相比要复杂得多,困难更大,绝不是"仅仅不就是水深一点"的问题,而是有很多高难技术需要解决。

2.6 其他类型钻井装置的施工作业特征

2.6.1 张力腿平台(TLP 平台)

关于张力腿平台,前面有一节曾叙述过,现在介绍平台的安装过程。从图 2-85 中可以看到,张力腿平台是一种锚定在海床上的浮式结构,其上部结构物是浮动的,类似半潜式平台。它通过锚定元件在张力状态下安装的张力腿来保持其位置。一般

图 2-85 典型的张力腿平台示意图

这样的平台有 4 根张力腿,每根张力腿下部有一个系泊底盘,见图 2-86。这些底盘按照设计预先安置在海底。底盘上有多个支座、锚桩、张力腿的组件。在平台的每个角上下送一节节的管筋腿连接件。这些连接件由重型管组成,管的下部装有机械锁件。当该机械锁件下到底盘里面后,将其拉紧,使张力腿平台拉到要求的吃水深度。每根腿筋底部的锚具锁件以及下部的挠性接头能自动机械锁合,将每根腿筋固定到底盘上。在内部安装的挠性元件使每根筋腿可以相对于锁合机构做角运动。各根张力腿的顶部都设有横向载荷轴承和上部挠性组件,挠性组件使张力腿平台下面的筋腿能偏转一定的角度。横向载荷轴承支承来自侧面的荷载。

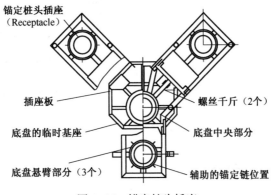

图 2-86　锚定桩头插座

每个角有 3 根筋腿,以保证腿的受力和安全。其中 1 根腿锈蚀或者损坏时可以更换。见图 2-87、图 2-88 和图 2-89,了解张力腿的几个部件。

图 2-90 显示另一种张力腿筋腿的结构组成图。

从上述可知,张力腿平台机动性与半潜式钻井平台相似。但它的锚泊定位方式有其自身的特征,有人认为张力腿平台与别的平台相比较,其定位方式和结构组成更简单,更少的复杂性,也就更经济。这也许是仁者见仁,智者见智吧。

张力腿平台在完成上述锚泊定位后,就要开始进行钻井作业或采油作业。由于张力腿平台一旦锚定后,平台的上下升沉没有了,倾斜和纵、横摇运动也可以说小的多了。所以,其钻井程序是介于半潜式钻井平台与自升式平台间。而配置的水下钻井设备也有些不同,与自升式钻井平台更近似一些,见图 2-91。

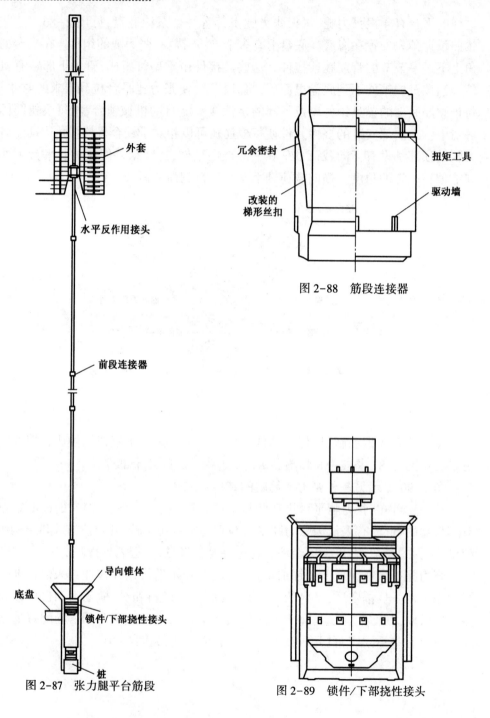

图 2-88　筋段连接器

图 2-87　张力腿平台筋段

图 2-89　锁件/下部挠性接头

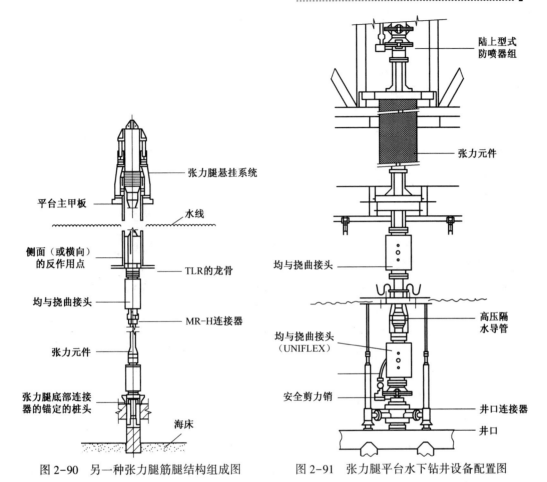

图 2-90　另一种张力腿筋腿结构组成图　　　图 2-91　张力腿平台水下钻井设备配置图

不可否认,由于其锚泊一次也不容易,所以平台大部分用于采油生产平台,如果是一个大油田,一个张力腿平台安装一个基盘,一个平台就可以有数十口井进行采油作业,效益是很可观的。所以,油公司在选用张力腿平台时,经济上的考量是很重要的一个因素。

2.6.2　立柱式平台(Spar 平台)

立柱式平台的概念是从张力腿平台发展而来的。其主要具备以下特点:主体吃水很深,水线面相对较小,从而有效减少波浪引起的平台垂荡,也就是说上下升沉运动幅度较小。柱体底部装有压载仓,使得平台的重心低于浮心,保证平台的稳性。与其他深水平台相比,立柱式平台的系泊系统投资成本降低一半左右。由于有以上特点使该型平台成为当今国际海洋工程领域的研究热点之一。当然,由其结构特征决定,立柱式平台还是多用于采油生产平台,见图2-92。

立柱式平台总体结构由 4 个系统组成:顶部甲板模块、主体结构、系泊系统和立管系统。顶部甲板模块是一个多层桁架结构,其上放置多种设备。它可以用来进行钻探、油井维修、产品处理或其他组合作业。它还有油气处理设备、生活区、直升机甲板和公共设施等。

主体结构一般包含一个大直径的竖直圆柱体,通过承载结构与甲板相连。从上到下分为硬舱、中段和软舱。从主体顶部至可变压载舱之间的部分称为硬舱,提供整个平台的浮力,并对平台浮态进行调整。中段为桁架结构,下面的软舱为平台提供压载,降低平台重心,尤其是在平台"自行竖立"过程中提供压载扶正力矩。

系泊系统一般通过多根半张紧的悬链式系泊缆组成,以控制其水平方向的位移。单

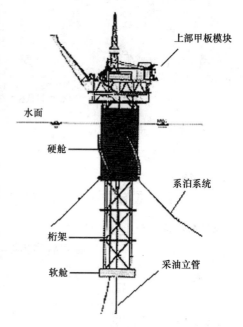

图 2-92　立柱式采油平台

根系泊缆通常由底部海底桩链、上部甲板主体锚链和中段螺旋钢缆或尼龙缆组成。锚链所承受的上拔载荷由打桩或负压法安装的吸力锚来承担。锚机位于上部甲板的边缘上,分成几组,拉紧锚缆使其处于半张紧状态。立柱式平台的系泊程序是非常重要的一道工艺,因为在设计系泊系统时,通常使其在一根系泊索断开的情况下可以抵御百年一遇的恶劣海况。在一般情况下,在海底的大抓力锚或吸力锚已经预先安装好,等平台主体就位后,各根锚索拉起、连接、收紧、调整好预张力,使平台处于半张紧状态。

立管系统主要由生产立管、钻井立管、输出立管以及输送管线等部分组成。由于立柱式平台上下升沉运动幅度小,因此立管上方可使用顶部张紧器和干式采油树。每个张紧器通过自带的浮力罐提供张力支持。

现在立柱式平台已设计建造三代产品,虽然实际建设的数量不多,因其具有一定的特点,而成为当前海工界研究的前沿热点之一。

立柱式平台在海上的安装工艺

立柱式平台的主体结构和顶部甲板模块都在造船厂分别整体制成,就连上面的锌块以及本体上的螺旋板等都已焊好,然后用大型半潜自卸船从造船厂运往既定海域,见图 2-93 和图 2-94。

图 2-93　立柱式平台在运往海上的途中

图 2-94　另一艘立柱式平台运往海上井口的途中

到达预定的井位后,半潜船下潜,被运的立柱式平台下部压载舱注水,平台倾斜下水,继续在下部软舱内注水,整个平台竖起扶正,调节主体内压载舱的进水量,使平台达到一定的吃水深度。这时,已经预先在井位打好的桩脚或负压法安装的吸力锚的锚链与平台上预先安装穿好的悬索连接,锚机收紧锚索,调整好各条锚索上的张力,一切按照抛锚程序进行,平台定位完成。然后,用大型吊装船舶吊装上层甲板模块,安装有关设备。过程参见图 2-95、图 2-96、和图 2-97。

图 2-95　平台在扶正就位

图 2-96　在大型浮吊的帮助下立柱式平台在扶正就位

图 2-97　海上大型浮吊在吊装上部模块

　　立管安装程序同张力腿平台、半潜式钻井平台安装水下钻井设备一样,或更简单一些。平台锚定之后,从泥线井口连接隔水管,一直接装到上部,而后接浮力筒,外接绳索张紧器,最上端接采油树。

　　或者隔水管一根一根接上来,上面的一根隔水管外管直接接装直接张紧器(直接张紧器后面介绍)。张紧器支撑起整个隔水管立柱,使立管适应平台的上下升沉运动,上端接装采油树。采油树是可以上下动的,但幅度不大,这是立柱式平台的特点决定的。控制电缆和跨接管都是软管。两种采油立管的组成见图 2-98。

　　目前,立柱式平台使用还不是很多,全世界一共 19 艘,大多集中在墨西哥湾。我国曾论证过多次,准备在南海油田使用,但是始终没有用上。当然,原因是多方面的,有环境方面的,也有成本、油田开发的经济性的,技术方面恐怕不成问题,因为立柱式平台本身技术已经成熟,所以选择什么样的开发技术,什么样式的平台完全是油公司的选择。相信在不久的将来,我们就可以在南海海域看到立柱式平台在作业。

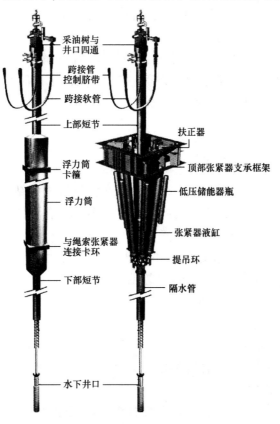

采油树与
井口四通

跨接管
控制脐带

跨接软管

上部短节

扶正器

顶部张紧器支承框架

浮力筒
卡箍

浮力筒

低压储能器瓶

张紧器液缸

与绳索张紧器
连接卡环

提吊环

下部短节

隔水管

水下井口

图 2-98　两种采油立管的组成

2.7　钻井工艺技术

海上钻井工艺技术与陆地基本相同。钻井工艺技术是一门大的学科,在本节中不可能详尽地加以说明。但为使读者能更多地了解海上石油勘探作业,现把石油钻井近几年来比较新的技术简单地作一介绍,供大家参阅。

钻井工艺技术伴随着全球能源需求的日益增加以及科学技术的不断进步而得到了迅速发展,从经验钻井发展到科学化钻井;从浅井、中深井发展到深井、超深井;从直井、定向井发展到大斜度定向井、水平井、丛式井;从陆地钻井发展到近海和深海钻井。

随着定向钻井技术的不断发展,丛式井技术、水平井技术、大位移井技术、多分支井技术等得到了快速发展,并不断趋向成熟。丛式井系指在一个井场或平台上,钻出若干口井,甚至上百口井,各井的井口相距不到数米,各井井底则伸向不同方位。

利用特殊的井底动力工具与随站测量仪器,钻成井斜角大于 86°,并保持这一角度钻进一定长度井段的定向钻井技术。在油气田开发中,水平井可以增加目的层长度,增大泄油面积,提高油气产量。水平井钻井技术包括随钻测量技术、井眼轨迹控制技术,井壁稳定技术钻井完井液技术等。按垂直段向水平段弯曲的曲率半径大小,又分为大曲率半径水平井、中曲率半径水平井和短曲率半径水平井。曲率半径越小、施工难度越大。

2.7.1　欠平衡压力钻井技术

与常规的钻井相比,欠平衡压力钻井系指在钻进过程中钻井液在井底产生的压力低于地层的空隙压力,允许产层流体流入井眼并将其循环到地面,在地面可有效控制,这一技术称为欠平衡技术。欠平衡技术可以分为以下几个类型:①干空气钻井;②氮气钻井;③天然气钻井;④雾化钻井;⑤稳定泡沫钻井;⑥边喷边钻;⑦泥浆帽钻井;⑧强行钻井;⑨封闭钻井;⑩连续油管钻井。

欠平衡压力钻井的优越性如下:

(1)减轻地层伤害,提高井的产能。

(2)利于正确评价储层。

(3)提高钻井效率,降低钻井成本。

欠平衡钻井所需要的装备:

(1)井口控制部分:旋转防喷器和控制头两种,可以封闭钻杆和方钻杆;防喷器组;各种内防喷工具。

（2）地面处理设备：主要包括真空除气器、泥浆/气体分离器、节流管汇以及天然气火炬装置等。

2.7.2　大位移井钻井技术

目前，大位移井通常系指其位移与垂深之比等于或大于 2 的井。位移与垂深之比等于或大于 3 的井称为超大位移井。

近年来，大位移井钻井技术的发展速度是非常快的。1995—1997 年水平位移从 8035m 增加到 8062m，1997—1999 年水平位移则从 8062m 增加到 10728m。目前，国外许多国家都在从事该项技术的实验研究，并接受新的挑战。

例如：1997 年 6 月海总与美国菲利普石油公司合作在南海东部完成了一口当时世界上水平位移最长的水平井——西江 24-3 井，完钻井深 9238m，垂深 2912m，水平位移 8062.7m。胜利油田 2000 年完成埕北 21-平 1 井，该井井深 4837.40m，位移 3167.34m，垂深 2633.91m，是目前国内独立完成的水平位移最大的井。

大位移井的主要用途和优越性如下：

（1）用大位移井开发海上油田，可利用现有平台外扩钻井，节省新建平台的投资，从而降低整个油田的开发成本。

（2）实现海油陆采，节省建平台和人工岛的投资。

（3）节省投资，实现一口井开发一个小油田。有些小油田或几个不连通的小断块油气田，用一口大位移井就可以开发。

（4）使用大位移井可以替代复杂的海底井口开发设备，节省大量投资。

（5）有些油气藏在环保要求高的地区，钻井困难，利用大位移井可在环保要求不太高的地区钻井，以满足环保的要求。

2.7.3　分支井钻井技术

20 世纪 90 年代以来，钻井技术迅速发展。为了实现高效益、低成本地开发老油田中的剩余资源以及低渗、超薄、海洋、稠油和超稠油的特殊油藏，刺激了水平钻井技术的发展和完善。同时也促进了包括多分支井技术在内的特殊工艺水平井技术的诞生和发展。所谓多分支井也称为多底井，系指在一口主井眼中钻出两口或多口进入油气藏的分支井眼，主井眼可以是直井，也可以是水平井。主井眼为直井的分支井能有效地开采多层段的油藏。而主井眼为水平井的分支井，则极大地提高了油藏的裸露程度，增加了油藏的泄油面积，进而提高原油产量和采收率。

分支井的特点

99

近几年来,钻多分支井的好处已成为人们的共识。与常规直井相比,分支井的一个显著特点是享有共同的井口和上部井段,因而可以缩短钻井时间,降低钻井成本。此外,分支井还具有以下优点:

1) 可以有效地开采多产层油藏。

2) 以较少的井开采形状不规则的油藏。

3) 可以减少海上平台的井槽数量,进而缩减平台的数量和尺寸。

4) 可以降低地面采油和集输设备,海上钻井隔水管及井口等材料成本。

5) 可以减少对环境的影响。

6) 提高了边界油田的经济效益。

2.7.4 小井眼钻井技术

小井眼钻井技术出现于 1942 年,迄今已有半个多世纪的历史。最早用于采矿工业,然后才转到石油工业。

关于小井眼的定义,目前尚未统一。比较普遍的认为是:90%的井身直径小于 177.8mm 或 70%的井身直径小于 127mm 的井称为小井眼。小井眼可用于勘探井、生产井、加深钻井、开窗侧钻井、水平钻井以及多分支井。由于小井眼具有投资费用少、钻进速度高等优点,与常规井相比,小井眼可降低成本 25%~75%。

小井眼钻井系统有转盘钻进、井下马达钻进和连续取心钻进。

2.7.5 挠性连续管钻井装备与技术

挠性连续管是一种高强度、高韧性钢管,通过匀绕机构绕在卷筒上。钻井时,连续管通过导向器、经注入头、防喷器组合进入井内,再靠液压泵来完成钻井作业。

连续管技术 20 世纪 50 年代开始运用于石油工业,当时主要运用于修井作业。20 世纪 70 年代连续管技术在钻井领域作了初步尝试。20 世纪 80 年代由于连续管材质的改善,相关配套设备的改进,水平井的空间增长以及人们对钻井过程中保护油层认识的提高,经营者们开始重视连续管钻井技术的研究和开发。

现代连续管钻井只有几年的历史。近来连续管技术越来越完善,在石油界引起很大的兴趣和关注。美国、法国等许多国家投资进行连续管钻井尝试。钻井数量逐年增加,并以每年 500 口的速度递增。

连续管钻井主要用于陆地上及海上的垂直再入钻井、老井侧钻(水平侧钻、定向侧钻)以及浅油层新钻井。所钻的井眼属于小井眼探井或小井眼开发井。钻井作业按平衡、过平衡或欠平衡进行。尤其是在水平井、小井眼钻井中,在欠平衡条件下更显出它的优越性。

现在,连续管钻井技术的应用继续保持着比较强劲的发展势头。钻井工具和钻井工艺方面,更有许多新的进展。

2.7.6　海上优快钻井技术

要提高油田的经济效益,必须提高海上的钻井速度。优快钻井是高新技术与现代管理综合配套的产物。

美国一家公司在泰国湾钻一口 3500m 左右的井,平均建井周期只需 5~6 天,最短的仅需 4 天。渤海绥中 36-1 油田,选用了目前国际上一些先进钻井及配套技术,并成功地进行了集成和应用。这些技术包括整体块装式井口、PDC 钻头、PDC 可钻式浮箍浮鞋、导向马达、高性能泥浆、MWD 随钻测量、大满贯测井、无候凝固井等先进技术,优化集成配套,从而大幅度提高钻井速度。绥中 36-1 油田二期 186 口井,仅优快钻井本身带来的经济效益就达数亿元。东海西湖凹陷,平湖、春晓油气田 1995 年以前钻井,平均机械钻速仅为 6~7m/h,平均钻井的台月效率为 1500~1900m/台月。钻井周期较长,台月效率低。后来采用优快钻井技术,钻井平均机械钻速达到 10~11m/h,平均钻井台月效率达到 3300m/台月。现在有了好钻头,再加上高压大排量的泥浆泵,动力配备大,钻井效率又提高了许多。钻井台月提高了,钻井成本明显降低。

优快钻井技术,既是传统钻井观念的突破,也是管理思想的重大突破。主要是优化井身结构、近平衡钻井、优选钻头类型、优化钻具组合、优化钻井参数、优选钻井液体系、优化固井工艺和水泥浆配方等快速钻井技术。

优快钻井包括了从物质到精神的三大部分,这就是先进实用的配套技术;先进严密的组织管理以及发扬团队协作精神。

2.7.7　套管钻井技术

套管钻井是用套管代替钻杆对钻头施加扭矩和钻压,实现钻头旋转与钻进的。在套管钻井过程中,套管由顶部驱动装置带动旋转,由套管传递扭矩,带动安装在套管端部工具组上的钻头旋转并钻进(钻机高度可以降低到 20m 左右,并且结构也可以简化)。套管钻井的整个钻井过程不再使用钻杆、钻铤等,钻头利用钢丝绳投捞,在套管内实现钻头升降,即实现不提钻更换钻头钻具。套管钻井允许作业者在钻进的同时下套管和评价油气层,因而大幅度降低了钻井时间和无法预测的隐患。

2.7.8 随钻扩眼钻井技术

所谓随钻扩眼钻井技术就是采用随钻扩眼工具和常规钻头程序,在全面钻进的同时扩大井眼的一种钻井技术。随钻扩眼技术常用于扩大裸眼段,使其尺寸大于上部套管串的内径,它的主要目的是降低下套管成本(套管程序设计中,自上而下均采用小尺寸套管),或者在该井深段采用大尺寸裸眼完井以增加产能。随钻扩眼技术在处理井下复杂情况、降低钻井综合成本、提高建井质量和安全性等方面具有显著的优势。

2.7.9 膨胀管钻井技术

膨胀管钻井技术是 20 世纪 90 年代产生并发展起来的一项新技术。早在 1990 年初,荷兰皇家 Shell 公司就开始对膨胀管钻井技术进行可行性研究,重点是管材实现膨胀变形的可能性研究,之后开始寻求既能实现管径膨胀变形,又能在膨胀变形后符合 API 标准要求的管材和(膨胀)螺纹连接两个方面。1993 年在挪威海牙进行了第一次概念性试验。1993 年~1998 年,开始对该项技术进行深入系统的研究工作。

膨胀管钻井技术,就是用特殊材料制成的金属圆管,其原始状态具有较好的延展性,入井后,靠液体压力推进,通过井下管件,在膨胀锥体或芯轴推进的过程中经过冷拔一样的塑性变形达到扩大管径的目的,使其内径和外径均得到膨胀,内外径膨胀率可达到 15%~30%。众所周知,常规套管是逐级地往下延伸的,下一级套管必须从上一级套管穿过,而且下入后套管尺寸不变,因此越下一级的套管越小。在钻井过程中,可能出现意外的地质条件,从而需要增加套管级数,这样最终可能会导致无法钻达较深处开采丰富的油气资源,或者即使能够钻达目的层,但由于套管级数增加导致了最终油管尺寸减小,从而无法获得经济可行的油气产量。随着勘探开发越来越多地进入深层复杂地层,钻井技术面临着前所未有的挑战。解决的办法之一是一开始就钻很大的井眼,这样就为后面的应急处理留有余地,并保证最终的油管尺寸足够大,其缺点是钻大井眼所需成本高,且最后可能发现本来不需要那么大的井眼。而膨胀管钻井技术为解决这一问题提供了一个新的解决途径。

膨胀管钻井技术主要包括如下关键技术:①材料的选择,低屈强比、低形变强化指数、高延伸率;②膨胀螺纹的设计和制造;③内涂层的研制;④膨胀工具的研制;⑤膨胀管固井技术的研究。

第 3 章
升沉补偿装置

　　在第 2 章对自升式钻井平台以及浮式钻井平台在海上作业的施工工艺进行了简要的介绍。对固定式、自升式平台在海上钻井施工比较好理解,说白了,固定式平台或者坐底式平台就像在海里搭一个台,把钻机搬上去就可以打井。可浮式钻井装置的钻井作业就不一样了。因为在浮船钻井作业中,钻井船在海上处于漂浮状态。在风浪的作用下,钻井船做平移、摇摆,以及上下升沉运动。在前文已经介绍,平台的移动可用锚泊和动力定位解决,船的纵、横摇有水下钻井设备的挠性接头来对付,而钻井平台的上下升沉运动呢?虽然本书前面也提起过,但到底是如何解决的?没能说清楚,而本章专就这一问题进行详细介绍,回答读者对这一问题的疑问。

　　钻井平台在海上钻井,在风浪作用下,平台船体随波浪周期性上下运动,安装在钻井平台上的井架及大钩随船上下升沉运动,显然,悬吊在大钩上的整个钻杆柱也做周期性的上下运动,大钩载荷呈周期性变化,大钩拉力或高或低,使钻杆柱底部的钻头一会儿提离井底,一会儿又直捣井底,不能保持正常钻进。为此,要保证钻井平台的正常钻进,就必须保证钻头始终在井底,并且还须保持一定的钻压,否则就无法进行正常钻进。这样对钻杆柱的升沉补偿问题就应运而生。如果用一句话来说明钻柱升沉补偿的定义和主要用途的话,那就是:钻柱升沉补偿装置是海上浮动钻井装置中,能使全套钻具在钻进时不受平台升沉影响的一种专用装备。

　　初期,浮船钻井采用的补偿方法是在钻杆柱的钻铤上部加一根伸缩钻杆,以此作补偿。由于其存在许多缺点,不能满足现代钻井的需要,后来就采用钻柱升沉补偿装置。

　　钻柱升沉补偿装置按照动作原理主要分为主动型和被动型两类。

　　先前没有主动和被动型的分类,因为近几年一些企业和学校对钻柱升沉补偿装置的机理研究多了,特别是对绞车型补偿研究得较多,才有了主动和被动之分。

主动型升沉补偿器,早期采用静液传动方法,当平台受风浪影响上升时,用泵将工作液缸的液体抽出,或者使液马达倒转;当平台下沉时,泵使工作液缸充液,或者液马达正转,从而达到升沉补偿的目的。也就是说,补偿器的能量是靠动力机械驱动液马达来实现的。这种形式要消耗动力能量并增加设施,所以很少应用,且很快被淘汰。随着科学技术的进步,对钻柱升沉补偿装置进一步研究,采用数控变频驱动控制钻井绞车的方法,即通过计算机软件按预定钻压实施恒钻压自动送钻补偿平台的升沉运动的新工艺装备,实现主动型升沉运动补偿。但是,目前世界钻井平台市场,特别是深水钻井,应用得还不多。

被动型钻柱升沉补偿装置是当平台受风浪影响上升时,靠平台向上的举升力将蓄能器的气体再度压缩以储存能量。当平台下沉时,蓄能器内压缩的气体膨胀而释放能量,以补偿大钩提起钻柱额定的重量。所以升沉补偿器在运行中,只是压缩储气瓶中预先充好的高压空气,其他不消耗动力,简单、方便、可靠。它是目前钻井市场上绝大多数使用的一型。

按照升沉补偿装置安装的位置不同分为天车型、游车型、绞车型和死绳端型。

按照补偿器结构又可分为活塞杆受压型和活塞杆受拉型。当然还可以分为单缸式、双缸式、多缸式等。按其工作介质不同,还可以分为气体介质和气液介质两种。

下面各节分别介绍几种典型的升沉补偿装量。

3.1　升缩钻杆补偿

初期,浮船钻井普遍采用的补偿方法是在钻杆柱的钻铤上部加一根伸缩钻杆,伸缩钻杆结构主要包括内筒、外筒、花键、密封盘根等,见图3-1。内外筒可以升缩拉开,花键传递扭矩。

钻井船上下运动时,只带着升缩钻杆以上的钻杆柱运动。而升缩钻杆柱以下的钻铤和钻头不再随船上下起落。这样就可以保持一定的恒压进行钻井。

伸缩钻杆的轴向相对运动行程一般为2m,这是因为在浮式钻井中,升沉超过2m,钻井就非常困难。伸缩钻杆在设计时要能传递大的扭矩和承受高压。

在升沉补偿装置没有研制前,伸缩钻杆起到了关键作用,我国的第一艘双体钻井船就是采用伸缩钻杆进行补偿钻井作业的。

早期的升缩钻杆是不平衡型的。这种型式的升缩钻杆在内管和外管之间的泥浆有一个泥浆压力差,使内管始终处于一个伸出的状态。尤其是在采用喷射钻井工艺时,因泥浆压力较高,升缩钻杆内外压差更大,严重地影响了升缩钻杆的自由伸缩,而

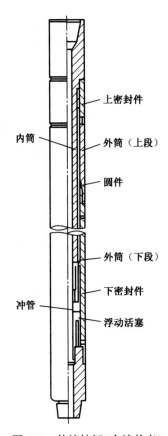

上密封件

内筒

外筒（上段）

圆件

外筒（下段）

下密封件

冲管

浮动活塞

图 3-1　伸缩钻杆（全缩状态）

且很容易发生故障,甚至卡死。

　　为了解决这一问题,又开发了平衡型的升缩钻杆。采用了特殊设计的内腔和通道,使内部的泥浆压力同时作用于升缩钻杆的内外管,从而解决了升缩钻杆总是趋向伸开的问题。见图 3-2。

　　升缩钻杆结构简单,成本低,使用也很方便。但是,采用升缩钻杆钻井也存在着以下不少缺点和问题:

　　(1) 司钻人员不能通过刹把手感触井底的钻头情况,正确判断井底钻进。有经验的司钻人员,他握刹把的手能感触井底的地质岩性、钻头的钻压、钻井速度、钻头跳动、井底异常等,据此可以进行处置。但加了伸缩钻杆后,感觉不出来了。

　　(2) 不管地层软硬程度,钻压不能随时调节。在伸缩钻杆下面按照钻井工程师的要求加了几根钻铤,这些钻铤的重量就是加在地层的钻压。不管地层软硬程度都

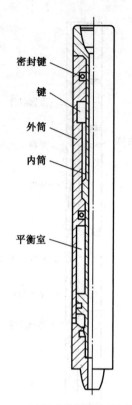

密封键

键

外筒

内筒

平衡室

图 3-2　平衡式伸缩钻杆示意图

一个样,始终不变,无法调节,不能实现软硬地层的不同钻压,这就大大降低了钻井效率,钻井的机械进尺偏低。

（3）由于升缩钻杆在高温和泥浆的恶劣环境中工作,不停地传递着扭矩,内管在外管中周期性地上下滑动引起交变载荷,条件恶劣,很容易卡死和损坏。

（4）当井涌关井时,防喷器芯子抱住钻柱,而升缩钻杆以上的钻柱是随船上下运动的,因此防喷器芯子与钻杆发生摩擦,极易损坏。

（5）不能满足更加复杂的工艺操作要求,如下套管作业、取芯、测井、试油等。

（6）由于在泥浆中工作,升缩钻杆的伸缩部件间摩擦力大,致使钻压波动较大。

正因为采用升缩钻杆存在上述缺点,许多公司曾做过各种努力,但收效甚微。随着海洋钻井不断向更深和更恶劣的海域发展,问题日益突出。于是人们就研发新型的升沉补偿装置,以取代升缩钻杆。所以近年来很少采用升缩钻杆,其被性能优良的新型钻柱升沉补偿装置所取代。

3.2　钻柱升沉补偿装置

首先,针对伸缩钻杆的缺点,人们要求新研发的升沉补偿装置必须从钻井工艺要求出发,即保持井底钻压。为了保证正常钻进,要求升沉补偿装置能够及时补偿船体升沉对井底钻压的影响。通俗地说,尽管浮船在受波浪的影响产生上下升沉运动,但井底钻压基本上保持恒定,其变化范围在允许范围内,一般不超过钻压值的5%左右。

另外,随时能调节钻压。要求升沉补偿装置根据海底地层的岩性、软硬程度的变化,随时调节井底钻头的钻压,满足钻进效率,以提高钻井机械进尺。

第三,改善承载条件。要求升沉补偿装置能够尽量减少整个钻杆柱的上下升沉运动,改善钻杆柱的承载条件,提高钻杆柱的使用寿命,减少钻杆柱因过度疲劳产生的事故。

为了满足上述的要求,各厂商纷纷投入研发力量研制新型升沉补偿装置。

3.2.1　活塞杆受拉的钻柱升沉补偿装置

第一个钻柱升沉补偿装置是美国维高公司(Vetco)研发制造的,并于1970年安装在“Wodco”号钻井船上使用并获得成功。维高钻柱升沉补偿装置的基本设计是将现有的游动滑车与大钩之间加装升沉补偿油缸,补偿器的上支架与游动滑车固定,下支架与大钩固定。通过安装在上支架的两个垂直油缸以及从油缸中朝下伸出的连接下支架的两根活塞杆,把上下支架连接在一起。液压液作用在油缸活塞下面,提供了举升力,经活塞杆下支架传递到大钩。液缸中的液压液的压力是由大容积的高压空气支持的。容积中的空气是由控制台调节控制的,这样司钻人员就可以根据大钩上的重量对空气压力进行调节,达到升沉补偿的操作效果。

图3-3是游车和大钩间装设的升沉补偿装置工作原理图

尽管船在随着波浪上下升沉运动,安装在船上的井架也在上下升沉,但由于有补偿器工作,活塞杆伸出缩进,使钻具不动,钻头始终保持在井底,从而实现正常的钻进。

采用这种方案设计制造成的一种双液缸的升沉补偿装置的结构示意图见图3-4。

这种双液缸的升沉补偿装置从1968年开始进行研究,1970年投入市场后,在海上石油钻井市场,反映良好,市场销售火热。

采用这种方案的优点是:

① 不需要特制井架,就利用现有的井架;

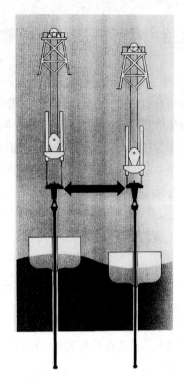

图 3-3　游车和大钩间装设的升沉补偿装置工作原理图

② 不需要特制天车、游车、大钩,可采用通用产品。

缺点是:整个游动系统重量增加了,液体管线长,液体密封多,增加了漏失点。

但是,这种方案在当时配备在海洋钻井平台上还是比较方便的,从经济上考量也增加不了多少成本,正因为如此。这种产品一问世就广受市场欢迎。

之所以称为活塞杆受拉的升沉补偿装置,是因为其结构设计原因。升沉补偿装置的下横梁、活塞、活塞杆与大钩相连,上横梁、液缸本体与游动滑车相连。这样,当游动滑车随井架及船体上下升沉时,只带动液缸的缸体上下周期地运动,而液缸中的活塞和活塞杆、下横梁以及大钩基本上保持不动,载荷也基本上不受影响(影响的大小是随气压的大小和气瓶的多少来决定的),从而实现升沉补偿。从图 3-5 受力简图中可以看出,所有的主力构件在升沉补偿工作时,均受拉力。从受力角度看,这种设计还是比较有利的,可以减轻构件的重量,受拉力的构件比受压力的构件稳定性好,这是人所共认的。

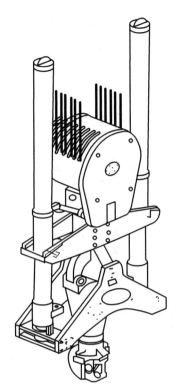

图 3-4　游车和大钩间装设的钻柱升沉补偿装置

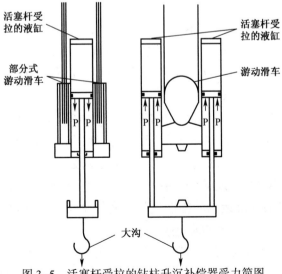

图 3-5　活塞杆受拉的钻柱升沉补偿器受力简图

3.2.1.1 钻柱升沉补偿装置在正常钻进时的工作原理

正常钻进时,一般使钻杆柱的悬重略大于液缸中活塞下面的液体压力,乘上两个活塞受力面积之和的向上推力。活塞杆稍伸出液缸外一段。静力分析示意图见图3-6。

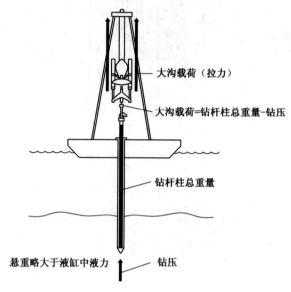

大沟载荷(拉力)

大沟载荷=钻杆柱总重量-钻压

钻杆柱总重量

悬重略大于液缸中液力　　钻压

图 3-6　钻柱升沉补偿装置在正常钻进时
的静力分析示意图

钻头钻压与液缸中液压的关系式

$$G_{钻压} = QL - 2PA$$

式中: $G_{钻压}$ 为井底钻头的钻压; Q 为每米钻杆柱重量; L 为钻杆柱全长; P 为液缸中的液体压力; A 为液缸活塞面积。

从式中可以看出,只要保持液缸中的液体压力恒定,即 P 基本保持不变,就能实现正常钻进,同时能保持井底的钻压不变。根据地层软硬程度,如果改变钻头的钻压,就通过增加和减少储能器的气体压力,从而改变液缸液体压力达到改变钻头的压力,使钻压增大或减少。在实际使用中,常常把活塞杆放到全长的中间位置。一般情况下,波浪所引起的升沉运动的幅度只是活塞杆全长的1/6~1/5。因此,司钻人员只要调好行程、压力,还能实现自动送钻。

维高公司的升沉补偿装置有两种型式:一种是单缸的,有三种规格型号;另一种是双缸的,有两种规格型号,可按不同使用要求选择,见表3-1和图3-7。

表 3-1　维高公司的钻柱升沉补偿器组规格

单缸型号	双缸型号	动载能力/lb	行程/in	缸径/in	活塞杆外径/in	重量/lb
	MC400—20D	400000	20	10-3/4	6	35500
	MC400—25D	400000	25	10-3/4	6	38500
MC400—15S		400000	15	14	7	43000
MC400—20S		400000	20	14	7	45000
MC500—20S		500000	20	16	7-1/2	47000

注：1in≈25.4mm；1lb≈0.45kg

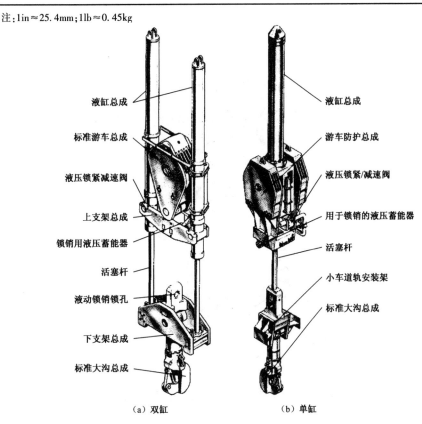

（a）双缸　　　　　（b）单缸

图 3-7　维高公司(Vetco)生产的钻柱升沉补偿装置

　　美国维高公司(Vetco)生产的活塞杆受拉升沉补偿装置,其系统主要由以下设备构成(图 3-8)。从图 3-8 中也可以看到各个组成部件在钻井平台上所处的位置,显示出它们不是一个单纯的组件,而是一个系统。

　　部件组成：

（1）升沉补偿装置本体及导向小车。

（2）软管束总成和液压锁紧减速阀。

（3）气液储能器。

（4）空气储气瓶组。

（5）空压机及空气干燥器。

（6）供液装置。

（7）司钻控制台。

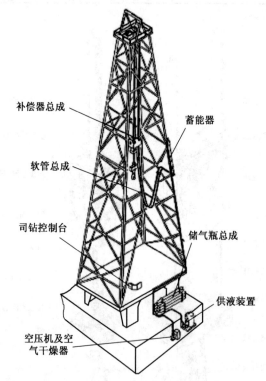

补偿器总成

蓄能器

软管总成

司钻控制台

储气瓶总成

供液装置

空压机及空气干燥器

图 3-8　游车和大钩间装设的升沉补偿装置系统部件组成

升沉补偿装置本体：由游动滑车、上支架、下支架、大钩、液缸、液压锁紧销、导向小车、软管束总成、气液储能器、液压锁紧减速阀等组成。

再看如图 3-9 所示为早期游车和大钩间装设的升沉补偿装置主要组成部件的示意图，帮助大家进一步直观地理解升沉补偿装置的原理和组成部件。现在的气液储能器已被改成一个，安装在井架二层台的一条大腿上，安装更为简单，输液软管束成为一根，对操作更加方便、安全。

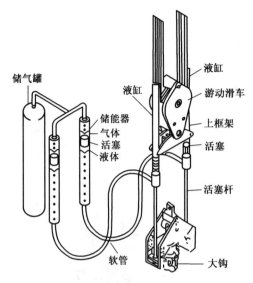

图 3-9　游车和大钩间装设的升沉补偿装置主要组成部件

图 3-10 所示为升沉补偿装置整个装置的系统图。其中,包括升沉补偿装置本体

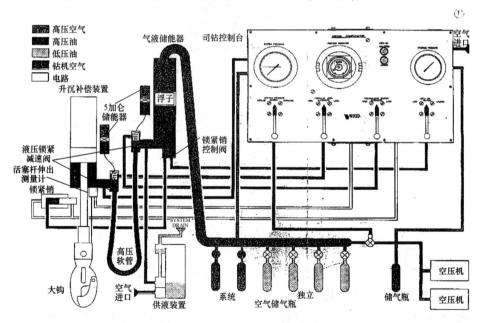

图 3-10　升沉补偿装置系统图

113

液缸、软管束、液压锁紧减速阀、液压锁紧销、气液储能器瓶、空气储气瓶组、供液装置、空压机组、司钻控制台等。整个系统一目了然。特别是两个液压锁紧减速阀在软管中显示出位置,便于更加清楚地理解后文。

　　补偿器本体包括两个液缸、标准的游车总成,用上支架总成把它们连在一起。由一标准的大钩总成,由下支架把大钩与两个活塞杆下端伸出头部相连接。在上支架上还装有一个液压锁紧销。有时不需要补偿器起作用,如起下钻,这时为了锁住补偿器,活塞杆缩回油缸内,锁紧销由液压驱动插入到下支架上相应的孔内,见图3-11。

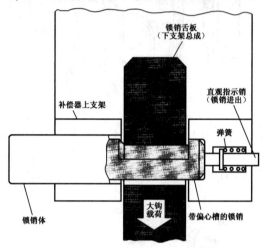

图3-11　升沉补偿装置锁紧销

　　锁紧销上开有一个偏心槽。在补偿器任意负荷的情况下,大钩上下支架的锁紧销孔体可以坐落在该偏心槽内。这就是说,只有当补偿器的压力升高到足以支持大钩负荷时,锁紧销才可以缩回去。这是补偿器的一个十分重要的安全特性,因为它可以防止补偿器压力还不够支持大钩负荷时,锁紧销过早地缩回去。在锁紧销两端的电限位开关通过司钻控制板上的指示灯可正确指示锁紧销是否完全插入销孔。在单缸型的升沉补偿器上,锁紧销还配备了司钻人员可以观察到锁紧销行程的指示仪。

　　在上下支架之间,装有一个活塞杆位置指示仪,补偿器的补偿冲程一般长度为6m,这是根据钻井各种工况设定的。在司钻控制面板上,鲜明地显示出活塞杆伸出的长度,便于司钻人员掌控操作。

　　在上支架上还装有一个5gal(1us gal = 3.785L)储能器,其作用是当系统压力发生损失时,如输油管断裂、油缸漏油,这时储能器就提供液压液至液压锁紧减速阀,使阀动作,迅速关闭阀门,避免过多漏失。

升沉补偿装置本体,即上述这一总成与导向小车连接在一起,导向小车是上下二个小车。上面游车与升沉补偿器油缸和上支架连在一起,下面补偿器活塞杆、大钩和下支架连在一起。每一个小车上有 4 组轮子。每组有前后两个轮子沿着井架上垂直安装的工字钢导轨上下滑动,使这一庞大的升沉补偿装置在浮式钻井装置上不会产生晃动,见图 3-12。在任何情况下,补偿器大钩的中心部对着转盘中心。

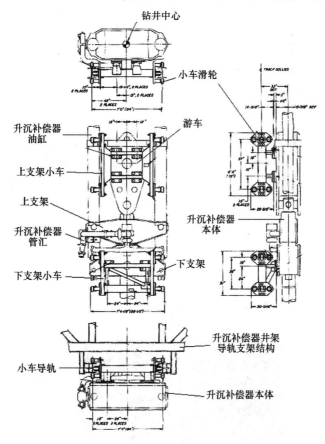

图 3-12　升沉补偿装置本体和导向小车

软管束总成(见图 3-13)的作用是连接升沉补偿装置本体和气液储能器,把储能器的液体在工作压力状态下输送给升沉补偿装置本体的液缸和液压锁紧阀。在两根软管的中间还有一束空气软管和控制电缆。

在软管束两端各装了一个液压锁紧减速阀。液压锁紧减速阀在系统中非常重要,它是为了给升沉补偿装置油缸和储能器之间压力工作液提供安全控制而研制的。

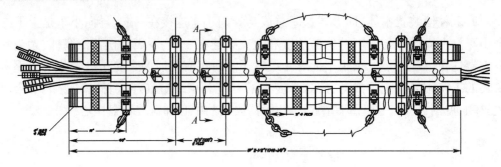

图 3-13　软管束总成

液压锁紧减速阀有两个作用:当由司钻台手动关闭时,压力工作液就不在油缸和储能器之间流动,用静压将活塞杆锁到任何位置;第二个作用是当司钻人员把控制阀从"锁紧"扳到"开启"位置,然后再扳到"自动"位置时,液压锁紧减速阀被调整到适合于在突然压力损失时能够自行关闭的位置。这种压力损失可以是负荷突然丧失的结果,也可以是主液路软管断裂的结果。液压锁紧减速阀具有自动关闭的固有功能,系统压力大约小于 250lb/in^2 时是不会打开的,而系统压力小于 450lb/in^2 将不会自动关闭。这个参照的系统压力是由安装在液压锁紧减速阀附近的 5gal 储能器提供的。液压锁紧减速阀简单原理图见图 3-14。

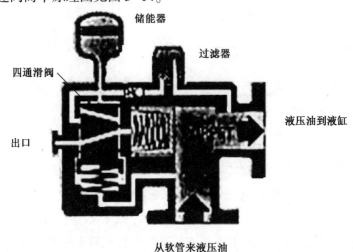

图 3-14　液压锁紧减速阀简单原理图

由于减速阀机构精密,结构复杂,相对系统中的其他部件,对液体的要求十分严

116

格,需干净,无杂质。它对脏油非常敏感,因此采用过滤器,使液体进入阀前要进行过滤。在减速阀旁边安装了两个过滤器。

　　液压锁紧减速阀的设计十分巧妙,是钻柱升沉补偿装置的核心组件,维护保养要求格外当心,在没有弄清楚前,绝对不能拆装,否则就回复不了其功能。所以要仔细研究阅读它的说明书,见图 3-15、图 3-16、图 3-17 和图 3-18。上述图中分别显示了液压锁紧减速阀的关闭状态、打开状态和自动状态。阀的操作必须按照操作程序进行操作,否则,就不会在发生突然事故时关闭锁紧阀。曾经在一次进行打捞作业时,下面钻具突然松扣,上面钻具重量变轻,升沉补偿器油缸压力迫使活塞杆迅速上窜,这时液压锁紧减速阀起作用了,迅速关闭,避免了上下支架的撞击,使得被吊钻柱稳稳地停了下来。油管断裂就更不要说了,没有该阀的自动关闭,将是十分惨烈的现场,损失可想而知。

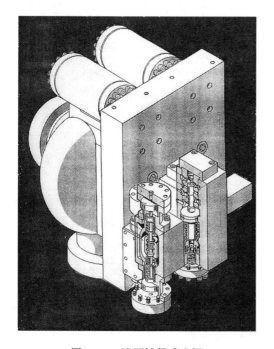

图 3-15　液压锁紧减速阀

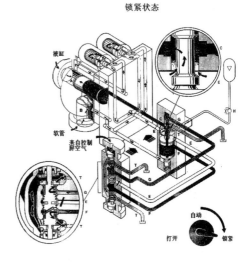

图 3-16　液压锁紧减速阀关闭状态示意图

　　气液储能器(160gal 储能器)是一个细长的高压气液容器。结构虽简单,但在系统中是一个很重要的构件。见图 3-19。其功能是利用具有浮力的浮动活塞作为分隔器,把补偿系统的气液隔开。在高压容器内,浮动活塞的上面是高压空气,下部是液压油,为了不使活塞与缸壁直接接触,把密封装在活塞的顶部和底部,减少缸壁和活塞的磨损。检修时,只要更换上下密封元件就可以了。

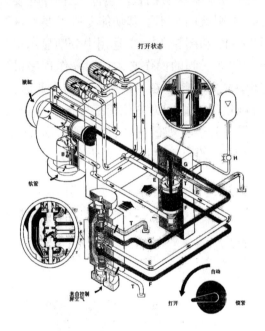

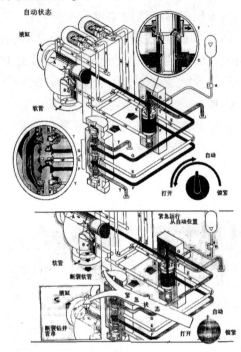

图 3-17　液压锁紧减速阀打开状态示意图　　　　图 3-18　液压锁紧减速阀自动状态示意图

气液储能器的工作压力就是补偿器的工作压力。

为使与之连接的软管束总成在井架内活动方便,软管束上下运动时,不与其他构件干扰、碰撞、磨损,把它安装在钻井井架最合适的一根井架的大腿上。见图 3-20。在其下部还要设置一个小平台,以便方便检修,另外,前面讲的液压锁紧减速阀就装在小平台上,与之连接。

空气储气瓶组,见图 3-21。一个或者多个 25ft^3 的储气瓶安装在支架上,在一端的连接管汇上安装有安全阀、截止阀、放泄阀、压力表等。储气瓶保存由空压机提供的经干燥的空气,最大工作压力一般为 3500lb/in^2(24.1325MPa)。放气管道上装设消音器。储气瓶的数量是根据需求、安装位置大小、环境决定的。这些阀门的操作是在司钻控制台上进行的,也可近端操作。

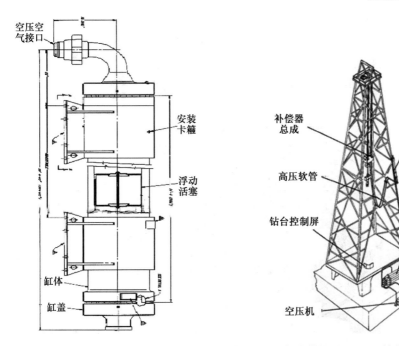

图 3-19　气液储能器(160gal 储能器)　　图 3-20　气液储能器(160gal 储能器)在井架安装位置

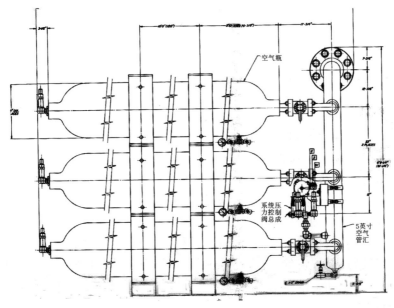

图 3-21　空气储气瓶组

空压机及空气干燥器。空压机给储气瓶、工作气瓶、补偿器控制板,同时还要给张紧器提供压缩空气,属于高压空压机。由压力极限开关自动控制(3500lb/in^2)。空压机的供气范围0,28~0,566L/min。一般配备两台,一台工作,一台备用。空气干燥器可以用空压机代替,也可另外配备,见图3-22(是英格索兰公司的产品)。

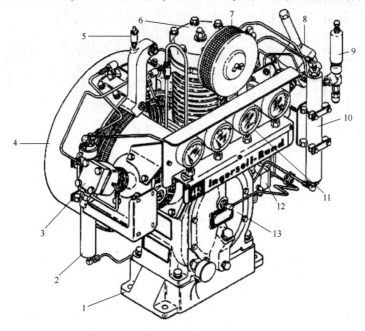

图 3-22　本装置专配空压机(Type30—15T4)

1—机座;2—3 级冷凝器;3—4 级缸头;4—电机及冷却风扇;5—1 级安全阀;6—1 级和 2 级气缸;7—空气滤清器;8—3 级气缸;9—卸载安全阀;10—后冷凝器;11—1、2、3、4 级压力表盘;12—卸载和冷凝水自动排放阀;13—曲轴箱。

供液装置。供液装置的主要作用是保存和补充储能器的液压液,也能接受系统返回的泄漏液体。供液装置包括两个或更多个气动液泵、主液箱、副液箱、油和空气过滤器、空气润滑器、压力表、安全阀、控制阀等。

在主液箱中,包括一个 400gal 的主油箱,内部有一个 12gal 的副油箱。泵吸入阀使其能够从主油箱、副油箱或油桶向系统泵油。气液泵排出口通向补偿液缸管汇。整个补偿器工作期间,气源供给阀打开着,泵从副油箱吸入,排出口通至补偿器液缸管汇,液压锁紧减速阀放泄的液压液流回副油箱。当副油箱的液面上升 12gal 时,浮动阀打开。这样,驱动泵的压缩空气即可自动启动,并将泄漏的液体泵回补偿器液缸管汇系统,见图 3-23。

图 3-24 是供液装置的系统原理图,帮助读者理解升沉补偿装置的液压系统如

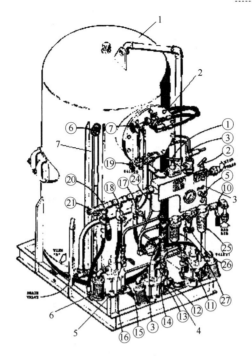

图 3-23 供液装置

1—主油箱 400gal；2—副油箱 12gal；3—仪表盘；4—各种控制阀；图内①~㉗数字均为
各种开关操作阀编号；5—气液泵 3 台；6—空气过滤器；7—液面指示管。

何补液、回油、泄油的流程。

　　司钻控制台。升沉补偿装置的控制是由司钻人员在司钻台上通过升沉补偿装置司钻控制台控制的。控制台由主控阀、压力表、活塞杆行程指示器和机械锁紧销指示灯等组成。

　　（1）系统压力控制。操作控制阀柄，可以控制系统增压、关闭、减压。使高压气瓶中的气体进入工作气瓶内，达到增压的目的，放气即卸压，以符合补偿负荷能力的要求。

　　（2）液压锁紧减速阀控制阀。2 个阀，阀是手动操作的三位四通阀。阀的位置有"开启""自动""锁紧" 3 个位置。"开启"是把补偿器油缸和储能器的液压油连接起来，使控制液在系统内自由流动。"锁紧"是截断油路，油液不能流动。"自动"是阀处于开启的状态，油液可以流动，但当大钩失掉负荷时或者油管断裂时，减速阀几乎同时（1/10s 内）能自动关闭，避免活塞杆突然上冲，造成事故或者系统大量漏油。

　　（3）双动压力表。它指示储能器内部和系统气瓶的压力与油缸液压的压力。

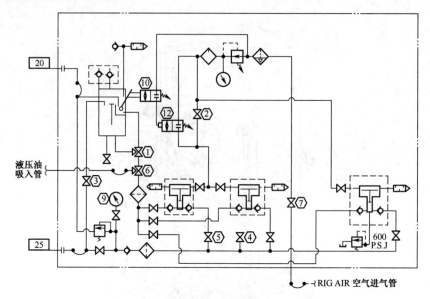

图 3-24　供液装置系统原理图

（4）活塞杆位置测量仪。它指示活塞杆伸出的长度。

（5）机械锁紧销控制阀及指示灯。它指示 3 个位置，"锁紧""零位"和"松开"。表示锁紧销伸出和缩回，零位关闭液压液。

（6）压力表。它指示系统的储能器瓶的空气压力。

可钻控制台见图 3-25。

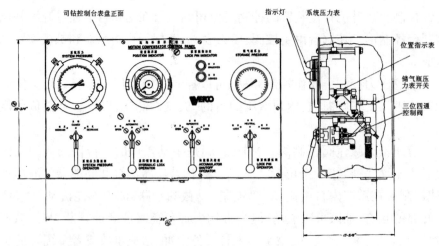

图 3-25　司钻控制台

3.2.2 活塞杆受压的钻柱升沉补偿装置

另一种类型的大钩与游车之间装设的升沉补偿装置为活塞杆受压的升沉补偿装置。美国 NL Shaffer 公司生产的产品最为典型。这种装置大钩与下支架连接,下支架上部安装有链条,绕过安装在活塞杆顶端的滑轮装置与上支架连接,上支架与缸体固定在一起,上支架与游动滑车相连。当游动滑车上下周期性运动时,活塞缸上下运动,而下支架、大钩却保持基本不动。从图 3-26 中可以看到,活塞杆、活塞在升沉补偿时始终处于受压状态。与维高公司(Vetco)活塞杆受拉升沉补偿装置正好相反,两种型式各具特色。

另外,由于活塞杆受压的升沉补偿装量是动滑轮,因此活塞杆的行程仅为钻井船升沉的一半。该装置的受力简图见图 3-26。升沉补偿装置的外形图见图 3-27。升沉补偿装置部件组成图见图 3-28。

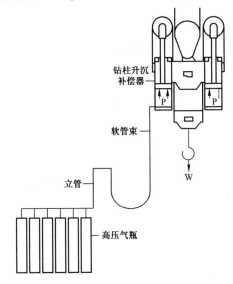

图 3-26 活塞杆受压的钻柱升沉补偿器受力简图

其工作原理如同前述。电动空气压缩机组将高压压缩空气打入压缩气压罐和备用压缩气压罐,高压空气通过阀门操作进入管汇、金属立管、空气软管,并进入补偿器液缸的下腔。补偿器液缸的上腔(低压腔)通过限速阀与气液储罐相通。

该钻柱升沉补偿装置有如下特点:

(1)补偿器的传动介质是高压压缩空气而不是液压油,这样就节省了高压供液

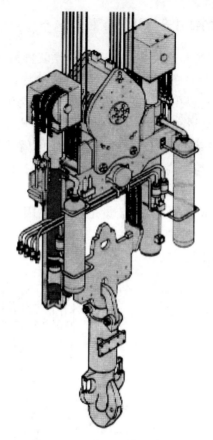

图 3-27   活塞杆受压的钻柱升沉补偿器外形图

装置的投资费用,同时也减少了气液蓄能器的密封环节,提高了传动效率,当然也就减少了钻压误差。

（2）由于采用液缸、链轮、链条放大 1 倍行程的结构,因此在相同行程下,液缸活塞杆的行程可减少 1/2,使液缸易于加工和减少制造费用。又由于液缸活塞杆与游车、大钩、下支架之间仅由链条柔性连接,使之在整个钻井过程中产生的振动对液缸活塞杆损伤较小,振动的附加力也变小了,减小了磨损。

（3）由于采用了活塞杆受压型设计,与活塞杆受拉型设计在相同液缸活塞杆直径和工作压力情况下可有效增大补偿推力,即在相同补偿载荷下,与活塞杆受拉型相比,系统的工作压力显然要低。

（4）在该型补偿器设计上,采用了液缸低压腔的设计,有一个低压气—液储气

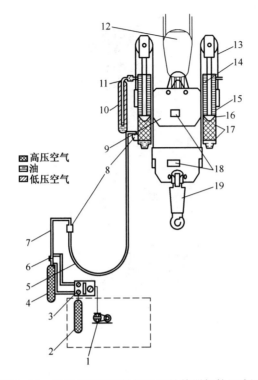

图 3-28　活塞杆受压的钻柱升沉补偿器部件组成图

1—电动空气压缩机组；2—备用压缩气压罐；3—控制仪表台；4—压缩气压罐；5—空气软管(4 根)；
6—阀及管汇；7—立管(2 组)；8—软管爆破流体安全切断阀；9—补偿器主支架；10—气-液储罐；
11—限速阀；12—游动滑车；13—链条；14—低压端活塞杆密封；15—活塞杆端液压缓冲器；
16—高压活塞；17—液缸盲孔端液压缓冲器；18—矩形锁销；19—大钩。

图中标注：高压空气、油、低压空气

罐,其液体为润滑油,使活塞在液缸往复运动中得到润滑,从而有效提高了补偿器的工作寿命。

(5) 在液缸的上、下端都设计了液压缓冲机构,避免发生撞击液缸的事故。

(6) 同样,为了保证补偿器运行安全,在气管的两端都设计装设了安全切断阀、空气安全阀和限速阀,以确保在高压气管出现破裂而发生事故时即时切断,保证补偿器本身和井内安全。

(7) 设计了更为结实的液压锁紧销,以保证起吊能力,见图 3-29。

表 3-2 为 Shaffer 公司生产的钻柱升沉补偿器产品主要规格。

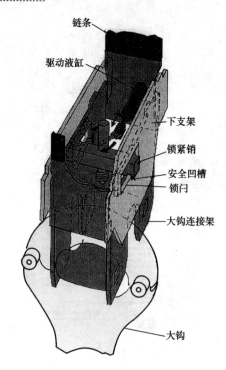

链条

驱动液缸

下支架

锁紧销

安全凹槽

锁闩

大钩连接架

大钩

图 3-29　Shaffer 公司生产的钻柱升沉补偿器锁紧销位置结构图

表 3-2　Shaffer 公司生产的钻柱升沉补偿器产品主要规格

补偿器型号	400k				600k		800k
补偿器行程/m(ft)	4.57(15)	5.47(18)	6.10(20)	7.62(25)	5.47(18)	7.62(25)	7.62(25)
总成和游车重量/ kg(lba)	28312 (62400)	29038 (64000)	29764 (65600)	31125 (68600)	37432 (82500)	40154 (88500)	50817 (112000)
补偿器载荷 kN(kPa)	1780(400)				2670(600)		3560(800)
活塞杆锁住时 大钩载荷/kN(kPa)	4450(1000)				6670(1500)		7230(1625)
活塞杆伸出时 大钩载荷/kN(kPa)	1780(400)				4450(1000)		
最大工作压力/MPa(psi)	17(2400)				17(2400)		17(2400)
空气压力容器容量/ L(us gal)	6246L(1650)				10410L(2750)		10410L (2750)

3.2.3　单缸升沉补偿装置

图 3-30 展示的是 Varco Shaffer 公司生产的直接单缸升沉补偿装置(DLC)。

直接单缸升沉补偿器主要用于作定向钻井和下放水下组件进行"软着陆"等作业研制的。

该系统有一个主缸,顶部有一个起吊环,直接吊在大钩上,补偿器的主缸两侧有两个 312gal 的气体压力容器,容器中充氮气或者是干净的空气。上部有一控制管汇。在控制管汇上有一个控制板,可以调节气体的压力和活塞的冲程、快慢、位置以及负荷的大小。系统的最大控制操作压力为 2400lb/in^2。系统的补偿能力为 65000lb,升沉补偿距离为 2ft。底部连接整体式水龙头以及钻井管串。

图 3-30　Varco Shaffer 公司生产的单缸补偿装置

下表为 Varco Shaffer 公司生产的单缸补偿装置性能。

表 3-3　Varco Shaffer 公司生产的单缸补偿装置性能表

性能	参数
尺寸/in	190×71×41
重量/lb	15500
补偿能力/lb	600000
操作压力/lb/in^2	2400
介质/gal	100
空气压力容器/gal	氮气或清洁空气 312
连接一端	钻井管串

3.2.4　深水钻柱升沉补偿装置

　　先前,卡姆伦公司在海洋工程领域,过去主要以生产钻井水下设备闻名,防喷器、爪式连接器占有一定的市场份额。近年来,涉足海洋工程深水领域,研制了一系列深水设备。如张力腿张紧器,深水用的大钩升沉补偿系统,补偿能力 3560kN(800000lb)可以用到4006kN(900000lb)。见图 3-31。卡姆伦公司生产的大钩升沉补偿系统的原理、特点与 Varco Shaffer 公司生产的大钩升沉补偿系统基本类似,不再赘述。但值得注意的是它主要用于深水和超深水。

图 3-31　卡姆伦公司生产的钻柱升沉补偿装置

3.2.5　宝鸡石油机械厂游车型升沉补偿装置

宝鸡石油机械有限责任公司(以下简称宝石机械)隶属于中国石油天然气集团公司,是我国建厂最早、目前规模最大、实力最强的石油钻采装置研发制造企业之一。宝石机械是国家油气钻井装备工程技术研究中心的依托单位。从 20 世纪 80 年代开始,宝石机械就陆续为海洋石油钻井平台提供符合 API 标准的井架、绞车、泥浆泵、防喷器组、吊环、吊卡等设备和工具。经过多年的发展,先后已为南海、渤海、东海及墨西哥湾、里海等作业区块的钻井平台提供近 65 台/套的各类海洋钻井包设备及设计服务等。截至目前,宝石机械在海洋钻井装备研发能力取得突破性进展,在提供钻井包和设备的同时,也可以提供 12000m 以内的各类海洋平台钻井包的全套设计。

该公司通过"十一五""十二五"的 3 个国家 863 项目对适应 3000m 水深的深水钻机进行了系统的研究,并依托课题完成了深水钻机的基本设计,同时研制了深水钻机配套的关键装备,并通过了船级社审查。其中包括:900t 动态井架、50t 隔水管处理系统、400tBOP 处理系统、150t 水下采油树处理系统、900t 天车升沉补偿装置、200k 隔水管张紧装置、开孔 $60\frac{1}{2}$in"转盘、3000hp(2237kW)钻井泵、岩屑干燥设备、集成控制系统等。

近年来,随着海洋钻井装备国产化进程速度的加快,宝石机械公司取得了跨越式的发展。

本节简要介绍的就是宝石机械设计生产的游车型升沉补偿装置。设计生产的型号和主要参数见表 3-4。

表 3-4　宝鸡石油机械厂游车型升沉补偿装置主要参数表

技术参数	DC120/180-Y	DC310/675-Y
最大补偿载荷/kN	1200	3100
最大载荷/kN	1800	6750
最大补偿行程/mm	4500	7620
最大补偿速度/(m/s)	0.85	0.85
额定工作气压/MPa	21	21

宝石机械设计生产的游车升沉补偿装置工作原理类似美国 NL-Shaffer 公司生产的活塞杆受压的升沉补偿装置。其上下框架的连接也是采用链条。其示意图见图 3-32。系统简图见图 3-33。

宝石机械设计生产的游车升沉补偿装置设计特点如下：

（1）圆柱形气缸和下框架之间用链条实现柔性连接，提高了补偿液缸和升沉液缸使用寿命。

（2）设置调节机构，三排链条张紧力可调，保持了整个系统的稳定性。

（3）采用分片结构，便于拆解维护。

（4）液缸采用双级驱动缸结构，液压站功率减少 1/2，节能降耗。

（5）半主动动力供给方式，提高了效率和动态响应性能。

（6）补偿系统具有自动化、智能化 PLC 控制的特点，可远程控制、中央控制及本地控制。

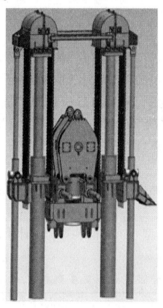 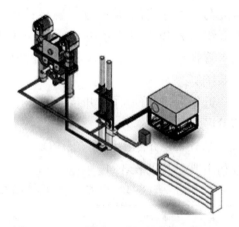

图 3-32 宝石游车型升沉补偿装置示意图   图 3-33 宝石游车型升沉补偿装置系统图

3.3 天车升沉补偿装置

天车型升沉补偿装置是把升沉补偿装置装到天车上。其工作原理比较简单。当船体上升时，游车、大钩吊着钻柱，钻井大绳绕过游车、天车，天车滑轮相对于井架沿轨道向下运动，与滑轮组连接的活塞杆带动活塞向下运动压缩主气缸。当船体下沉时，天车滑轮组相对于井架向上运动，主气缸气体膨胀，推动活塞向上，活塞杆向上，起到气动弹簧作用。这种天车型式的升沉补偿装置的优点是占用钻井船的甲板面积和空间小,不需要两根活动的大直径的高压油管,管线细且短。缺点是需要特制井架,特制天车,钻井船重心高,维修也不太方便。但是与游车升沉补偿装置相比,还是占有优势,所以近年来新建的浮式钻井装置大都配装天车型升沉补偿装置。

3.3.1　挪威液力提升(Hydralift)公司天车补偿装置

其特点是主液缸和气液储能器是直立安装在天车底架上,占据空间相对较小。没有活动的软管束,气液储能器就在天车台上液缸的旁边。管线短,安全性好。其他的优缺点都与其他型的天车型补偿装置相类似(图3-34)。

图3-34　液力提升(Hydralift)公司生产的天车型补偿装置

天车补偿原理图见图3-35。升沉载荷曲线图见图3-36。

挪威液力提升公司生产的天车型补偿装置型号及主要技术参数见表3-5,供选用时参考。安装在双井架上的天车型补偿装置见图3-37。

表3-5　挪威液力提升(Hydralift)公司天车型补偿装置主要技术参数

型　　号	天车600-25	天车800-25	天车1000-25
最大补偿载荷/kN(lba)	2670 (600000)	3560 (800000)	4450 (1000000)
静载荷/kN(lba)	5780 (1300000)	6670 (1500000)	8900 (2000000)

型　　号	天车 600-25	天车 800-25	天车 1000-25
补偿行程/m(ft)	7.62(25)	7.62(25)	7.62(25)
设备约重/t	82	85	90
空气系统最大压力 /MPa(psi)	17 (2400)	21 (3000)	21 (3000)
供液装置容量/L(gat)	2500 (660)	3000 (793)	4050 (1070)

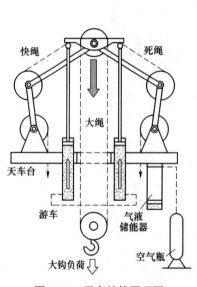

图 3-35　天车补偿原理图

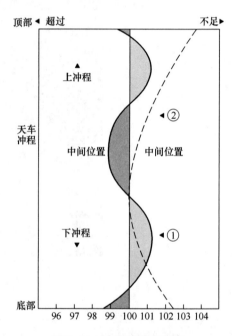

图 3-36　升沉载荷曲线图
①天车型升沉补偿器　②倾斜安装液缸升沉补偿器

3.3.2　挪威海事液压(Maritime Hydraulie,MH)工程公司生产的天车补偿装置

挪威海事液压工程公司隶属挪威 Aker Kvaerner 集团公司旗下,其生产的天车补偿装置,也是很有名气的,在海工钻井装备市场占有一定的份额,产品也很有特色。

该型补偿装置的主液缸是斜装在井架上的,见图 3-38。当船体上升时,游车上

图 3-37 双井架安装的天车型升沉补偿装置

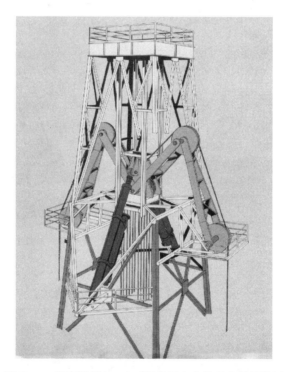

图 3-38 海事液压(MH)工程公司生产的天车补偿装置

吊的钻柱重量通过滑轮组连接的活塞杆压缩主液缸,使与主液缸相连的高压液气缸内的气体压缩,天车滑轮组相对于井架沿轨道向下运动。当船下沉时,与主液缸相连的高压液气缸内的气体膨胀,使得主液缸天车滑轮组相对井架向上运动,达到钻柱升沉补偿的效果。这种补偿装置的优点是:不需要加高井架主体;不需要两根活动的高压软管束,管线短;液缸成角度安装,相对于游车型垂直安装液缸控制钻压误差的精度要高。如在相同钻压误差下,可减少并联气罐的数量,从而占用钻井船的甲板面积和空间小。当然任何事物都有两面性,它的缺点是需要特制的井架天车,钻井船重心高,给安装与维修带来不便。

该型天车升沉补偿装置受力简图见图 3-39,实船安装图见图 3-40,液缸与储气瓶工作原理图见图 3-41。

图 3-42 表示的是天车型与游车型升沉补偿器工作特性曲线。

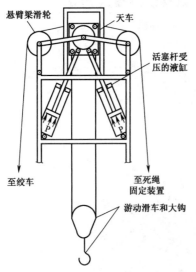

图 3-39 天车型升沉补偿器受力简图

图 3-40 天车型升沉补偿器实船安装

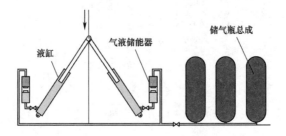

图 3-41 天车型升沉补偿装置成角度安装的液缸

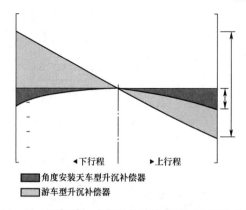

◀下行程　▶上行程

■ 角度安装天车型升沉补偿器
▨ 游车型升沉补偿器

图 3-42　天车型与游车型升沉补偿器工作特性曲线

表 3-6 给出了 Aker Kvaerner MH 工程公司生产的天车补偿装置技术规格,显示了各种型号的补偿器的能力和其他性能,供设计者选择。

表 3-6　Aker Kvaerner MH 工程公司生产的天车补偿装置技术规格

型号	270-20	270-25	454-908-25	454-1135-25	1500-2500-25
最大补偿能力 /t(kips)	270(595)	270(595)	454(1000)	454(1000)	680(1500)
最大静载荷 /t(kips)	590(1300)	590(1300)	908(2000)	1135(2500)	1135(2500)
补偿行程/ m(ft)	6.1(20)	7.62(25)	7.62(25)	7.62(25)	7.62(25)
需要气体容积 /L(gal)	7×1000 (265)	8×1000 (265)	13.500 (6×2250l)	13.500 (6×2250l)	13.500 (6×2250l)
最大设计工作压力 /bar(psi)	210(3000)	210(3000)	207(3000)	207(3000)	207(3000)
最大设计工作速度 (行程 5m)/(m/s)			1.31	1.31	1.31

需要说明的是:我国 3000m 深水半潜式钻井平台"海洋石油 981"号配套的天车升沉补偿装置型号就是 Aker Kvaerner MH 工程公司生产的天车补偿装置 Type454-1135-25。最大补偿能力 454t,最大静载荷 1135t,补偿行程 7.62m。见图 3-43 井架顶部。

图 3-43 "海洋石油 981"号在海上作业时,在井架顶部安装的天车补偿装置

3.3.3 谢弗尔(Shaffer)公司生产的用于深水的天车升沉补偿装置

谢弗尔公司生产的用于深水和超深水的天车型钻柱升沉运动补偿器见图 3-44。其主要组成部件为:天车、补偿滑轮架和导向框架总成、液缸、气液储能器等。该型补偿器为直立安装式,其优点是不需要加高井架主体,不需要两根活动的高压软管束,管线短,液缸可采用游车型的液缸而节约制造成本。缺点是天车需要特殊制造,重心明显升高,安装与维修均不太方便。

该公司生产的用于深水和超深水的天车型钻柱升沉运动补偿器的型号与主要技术规格见表 3-7。

表 3-7 谢弗尔公司天车型钻柱升沉运动补偿装置主要技术规格

型 号	600K	800K	1000K
补偿行程/m(ft)	7.62(25)	7.62(25)	7.62(25)
补偿载荷/kN(kPa)	2670(600)	3560(800)	4450(1000)
活塞杆缩回载荷/kN(kPa)	6670(1500)	8900(2000)	8900(2000)

如图 3-45 所示的是安装在实船上的谢弗尔(Shaffer)公司生产的用于深水和超深水的天车型钻柱升沉运动补偿装置,安装在井架顶部。

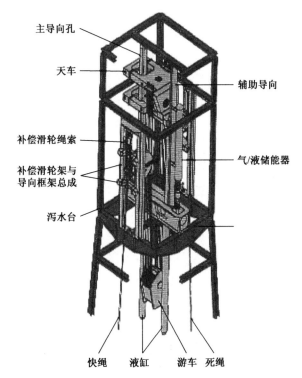

主导向孔

天车

补偿滑轮绳索

补偿滑轮架与
导向框架总成

泻水台

辅助导向

气/液储能器

快绳　液缸　游车　死绳

图 3-44　谢弗尔(Shaffer)公司生产的用于深水和超深水的天车型钻柱升沉运动补偿装置示意图

图 3-45　在实船上安装的谢弗尔(Shaffer)公司天车型钻柱升沉运动补偿装置

3.3.4 宝鸡石油机械厂天车升沉补偿装置

在游车型升沉补偿装置一节中,已叙述宝鸡石油机械在海洋钻井装备研发方面取得的突出成绩,特别是近几年有了突破性进展,设计生产的品种几乎覆盖了海洋工程的全部装备,这是很了不起的,显示了该厂的实力,从一个侧面来说,也代表了我国海洋工程装备配套的实力和能力。本节展示的是该企业设计和生产的天车型升沉补偿装置。其品种和主要性能见表3-8。天车型升沉补偿装置示意图见图3-46。

表 3-8　宝鸡石油机械厂天车型升沉补偿装置主要性能表

技术参数	DC270/675-T	DC450/900-T
最大补偿载荷/kN	2700	4500
最大载荷/kN	6750	9000
最大补偿行程/mm	7620	7620
最大补偿速度/m/s	0.8	0.85
额定工作气压/MPa	20	21

图 3-46　宝鸡石油机械厂天车型升沉补偿装置示意图

宝鸡石油机械厂天车型升沉补偿装置结构特点如下：

天车补偿装置采用了对称分布的直立式液缸，直驱结构，补偿缸活塞偏磨小；4根导轨导向，上下分布式钢架结构。天车的稳定性和可靠性好，安装运输方便。结构设计不仅满足了大补偿载荷、大补偿行程的要求，而且有效提高了液缸的使用寿命，有效改善了天车轮系上下滑动的稳定性和可靠性。4连杆摆臂机构，提高了钢丝绳使用寿命。采用半主动动力供给方式，提高了效率和动态响应性能。

另外，采用半主动式控制方式，反应迅速，有效提高了补偿精度，降低了系统的能耗。

3.4　绞车大绳死绳端装设的升沉补偿装置

绞车死绳端装设升沉补偿装置，这种形式较前两种方式为少，曾在钻井船上使用过。钻机绞车大绳，一端在绞车卷筒侧面用钢绳卡子固定，钢绳在卷筒上缠绕几层之后，上到天车绕过快绳轮，大绳在天车、游车的五对滑轮间绕过、大绳从天车的最后一个滑轮绕过下到站台上，这一端绕在钻台的"孔绳器"上，绕两圈之后用钢丝绳卡子卡死、多余的钢丝绳不斩断拉到外面卷到滚筒上。所谓"死绳"卡死这一段就不动了，相对另一端叫"快绳"。在钻井过程中，它是跟着游车上下快速移动的。死绳器上有一个杠杆、死绳向上的拉力通过杠杆，压一个小油缸活塞杆，通过油压的变化，测得大绳的拉力，进而知道大钩的悬重。指重表在司钻控制面板上。在初始缠绕大绳时是先从死绳端开始的，绕过滑轮后，这一端在绞车上绕过之后，固定在卷筒上。1971年，美国的 Rucker 公司就生产了一种死绳上装设的升沉补偿装置。这种装置是通过调节游动系统上钢丝绳的有效长度来补偿在波浪作用下游动滑车与大钩随船体升沉的位移，从而实现保持和调节井底钻压的目的，保证钻井正常进行作业。

具体设计方案是钻机大绳通过天车、游车滑轮组之后先通过钻台上的一套滑轮系统再固定。而该滑轮系统的动滑轮与补偿液缸的活塞杆相连。这样即可通过调节液缸系统的压力，使活塞产生位移，带动动滑轮做往复运动，使死绳收回放长，达到升沉补偿，通过调节液缸系统的压力，来调节死绳上的拉力，也就达到调节井底钻压的目的。这种方式的升沉补偿装置不占井架上的空间，维修和保养均在钻台平面上进行，所以比较方便。但是它要装设一套可感应游动系统钢丝绳上拉力变化的电动控制系统。另外，钢丝绳由于在死绳端绕过多个滑轮组，弯曲应力增加许多，所以钢丝绳寿命也会降低不少。因此，该种方法目前应用的不多。下面的几张图分别从原理、控制流程、滑轮组的结构形式等展示和说明死绳端装设的升沉补偿装置的工作原理和结构情况，见图3-47和图3-48。

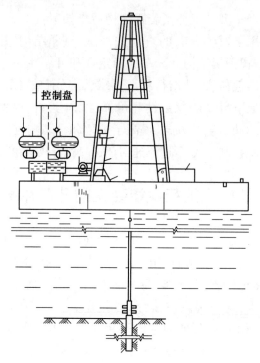

图 3-47 液压活塞式死绳升沉补偿装置示意图

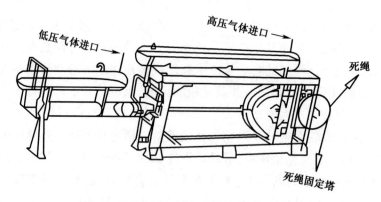

图 3-48 绞车死绳端上装设的升沉补偿装置

图 3-49 是绞车死绳端上装设的升沉补偿装置控制系统流程图。图 3-49 中,液缸 34 中充满液体。活塞的两端,一端液体通低压储能器 40,另一端液体通高压储能器 39。其作用原理如下:

死绳拉力减少时,传感器发出电信号后,指令阀动作。于是气动阀 86 及 85 开

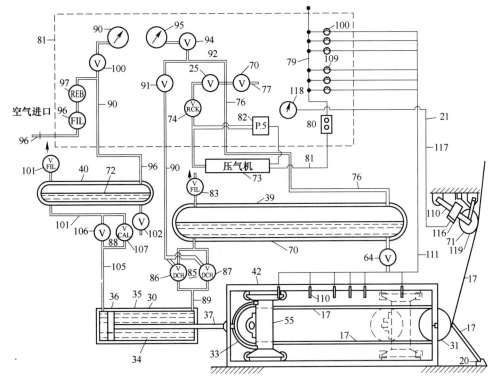

图 3-49　绞车死绳端上装设的升沉补偿装置控制系统流程图

启,液缸中活塞右端压力增加,推动活塞向左移动,带动活动滑轮向左移动,从而将钢丝绳拉紧。这时,活塞左端的液体,在阀 106 开启后,即流回低压储能器 40。

死绳拉力增加时,传感器传来电信号后,阀 85 和 86 动作,使液缸中活塞右端的液体压力减低。当低于活塞左端液体压力后,左端液体即推动活塞,带动活动滑轮向右移动,使死绳放松,达到恒定拉力。而液体则自活塞右端回到储能器 39。

(1)高压储能器。

如图 3-49 所示,高压储能器 39、自空压机 73 供气。空压机由电源经导线 81 供电驱动,排出高压气体经阀 74、75 通过管路 76 进入储能器 39。

储能器上有安全阀 83,安全压力是 140kg/cm²,下部有放气阀 84。

阀 78 可直接将空压机中气体排出。阀 94 可将排出气体输至压力表 93 指示压力。阀 91 使气体通过后至阀 86、87 使其启闭,以开启或关闭液缸中液体进入储能器的通路。

（2）低压储能器。

空气自阀 95 进入,经过滤清器 96、调节器 97、管路 98 进入低压储能器 40。

储能器上部有安全阀 101,安全压力是 14kg/cm²,下部有放气阀 102。

阀 100 开启后气可进至压力表 99 指示压力。

阀 106 及 107 开启后,液缸中的液体可进入储能器。

（3）控制台。

控制台上通过压力表、指重表、行程指示灯、阀、压力控制器等可控制、测量、指示功能。

图 3-50 是此种液压升缩式死绳升沉补偿装置,主体部件包括如下。

1）固定滑轮组:如图 3-50 所示,定滑轮安装在框架上,死绳通过滑轮。

2）活动滑轮组:动滑轮与行车梁连接,图 3-50 显示死绳都通过活动滑轮组与固定滑轮组。活动滑轮组经行车及连接杆与活塞杆连在一起。

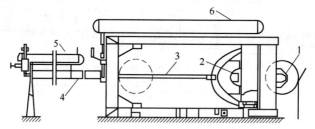

图 3-50　绞车死绳端上装设的升沉补偿装置活动滑轮组运动机构示意图

1——固定滑轮组　2——活动活轮组　3——连接杆

4——液压缸　5——低压储能器　6——高压储能器

3）连接杆。

4）液压缸。

5）低压储能器。

6）高压储能器。

行车:如图 3-51 所示。行车 1 每侧上下各有两个滚轮,上面是上滚轮,下面是下滚轮。滚轮可在工字梁轨道上滑行,而工字梁又坐在大型工字梁上。动滑轮组的轴承座是装在行车前面的突出部分,与行车连在一起。动滑轮组为半月牙形连接杆所包围,连接杆用销轴与行车固定,连接杆另一端与液缸的活塞杆相连。这样,液压驱动活塞及活塞杆移动时,即可通过连接杆带动行车及活动滑轮组沿支架伸缩移动。

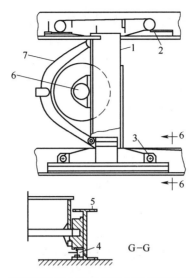

图 3-51　绞车死绳端上装设的升沉补偿装置行车结构图
1——行车　2——上滚轮　3——下滚轮　4——工字梁轨道
5——大型工字梁　6——动滑轮组　7——半月牙形连接杆

3.5　绳索作业时升沉补偿的工作原理

海上钻井对升沉运动的补偿,主要是用在正常钻井作业和绳索作业时。起下钻作业,下套管作业均锁定,不用补偿。其原因是在起下钻和下套管时,钻头和套管鞋均未接触井底,对深度没有特别的要求。另外,在这样的作业中,管柱由于海况影响,每时每刻都在运动,这对起下钻和下套管作业非常有利,避免黏卡,从而使作业安全顺畅。

首先介绍一下绳索作业时的工作原理,因为这是一道非常重要的作业程序。绳索作业主要包括电测井、打捞、射孔、试油等作业。这些作业的共同特点是大钩悬重太轻,其惯性力以及在井中泥浆的阻力均很小。这样,当液缸随游动滑车及船体上下升沉时,则很容易带动活塞及活塞杆上的悬重物上下运动,绳索上的悬挂物往往不在井底,而是在某一个固定深度的位置上,深度位置尺寸要求准确。因此,无法实现对升沉运动的补偿。初期海上浮式钻井,对此十分头痛,钻井深度很不准确。要想准确测出深度和精确作业,就必须另想他法。

为了实现绳索作业的升沉补偿,人们想出了在大钩下增加一个相当于一定重量悬重的力。具体做法是大钩下挂一个测井滑轮组,见图 3-52。滑车组上有两个滑轮,一个滑轮穿引"参照绳"。参照绳一端固定在升缩隔水管外管上(隔水管从海底一直接到伸缩隔水管的外管上,相当于固定海底),另一端绕过滑轮,固定在钻台上。另一个滑轮穿引测井电缆,补偿的提吊力调整得略大于两倍的井下电缆及仪器重量,也就是使参照绳始终有一定的张力,这样,井下仪器的起落,只取决于测井绞车的收放,而不受船体升沉的影响。

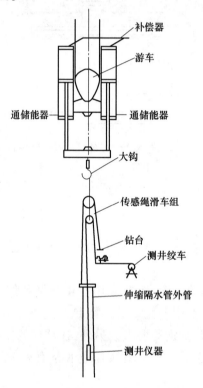

图 3-52　测井作业的绳索补偿工作原理

伸缩隔水管也是一种升沉补偿装置。

液缸中的液体压力与传感绳拉力的关系式为

$$2PA = W + T$$

因此

$$P = (W + T)/2A$$

式中:P 为液缸中液体压力;A 为液缸中活塞的面积;W 为绳索作业时钢丝绳上工具的悬重;T 为传感绳上的拉力。

144

从上式中可以看出,液缸中液体压力值可根据传感绳上的拉力以及绳索作业时工具的悬重和活塞面积来决定。当作业进行时,液缸和游动滑车随平台上下运动,而活塞及大钩的位置相对不变,达到升沉补偿的目的。传感绳上的拉力与液缸中液体压力及时调节好,保持大钩在合适的位置,从而实现正常作业。在海上钻井实践中,一般也没有十分严格,随时去调节液缸中的压力,一般选定一个压力,绷紧传感绳就能保持正常作业。

图 3-53 为绳索作业升沉补偿的静力分析示意图。从该图上看出升沉补偿装置的受力情况。

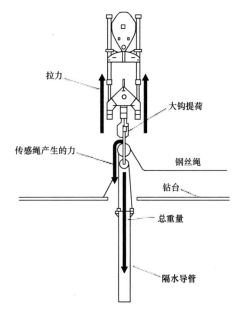

图 3-53　绳索作业升沉补偿的静力分析示意图

3.6　其他型式升沉补偿

3.6.1　钻井绞车升沉补偿

海洋工程技术的不断发展,各种海洋工程装备都需要升沉补偿装备才能有效、安全地工作。如海上大型起吊船,锚机绞车,水下工程安装船等都涉及波浪对船体的升沉影响。所以,人们研究设计,使绞车本身带有升沉补偿功能。事实上,现在已应用到实践中,许多工程装备已具有这样的升沉补偿功能。

钻井绞车升沉补偿实际上是通过钻井绞车的正反转来实现钢丝绳的恒张力,实现升沉补偿功能。对于电驱动的钻井绞车,在原有绞车的基础上,增加钻井平台的升沉运动信息检测,把检测到的信息输到控制系统,从而控制驱动电机的正反转,收紧或放松钢丝绳,实现拉力恒定,达到补偿的目的。

对于液压驱动的绞车,液压马达可以正反方向旋转。当驱动绞车向一个方向转动时,游动系统钢丝绳缠紧,大钩悬重上升,拉力增加。反之,大钩悬重下降,拉力减少。这样可以通过控制可逆液压马达换向驱动实现升沉补偿。控制液压马达的信息是通过检测钢丝绳的张力大小,得到信号传输到控制系统,从而实现对可逆液压马达的控制。图3-54是早期美国一家公司采用变位移可逆液压马达式的升沉补偿装置的结构示意图。

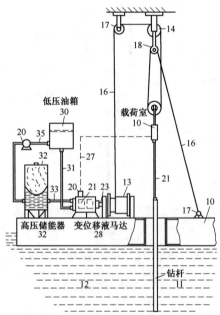

图3-54 变位移可逆液压马达式的升沉补偿装置的结构示意图

14—游动系统钢丝绳;15—液力驱动钻机绞车;17—滑轮;20—载荷室;25—驱动轴;26—变位移可逆液马达;
28—控制机构;30—低压油箱;31—管线;32—高压储能器;33—管线;35—管线;36—液压泵。

结构组成如下:

(1) 液力驱动绞车如图中的 15 所示。游动系统钢丝绳自天车 14 引出,经过滑轮 17 后,缠绕在绞车滚筒 15 上。绞车由液压马达 26 驱动。

（2）变位移可逆液马达如图中的 26 所示。它经过驱动轴 25 与绞车滚筒 15 相连。其控制机构可以改变马达的位移，即改变马达的输出扭矩。而当马达作为泵用时，可以改变液体输出的排量。这是通过改变马达上控制板的角度来实现的。

（3）载荷室如图中的 20 所示。它直接连在游车上并随它一起上下运动。它可以按照大钩上悬重改变的比例传出信号。

（4）控制机构如图中的 28 所示。它可以接受自载荷室 20 传来的信号，图中虚线显示。并根据信号控制液力驱动马达来改变绞车输出的扭矩的方向与大小。

（5）低压油箱：如图中的 30 所示。它通过管线 31 与马达 26 相连。

（6）高压储能器：如图中的 32 所示。它通过管线 33 连接到液压马达上。通过管路 35 使低压油箱与高压储能器相连接，在该图中可看到管路 35 中装设有液压泵 36。

工作原理：

液力驱动系统与高压储能器及低压油箱相连接。船体下沉时，高压油从储能器注入液马达再流入低压油箱，提供绞车一个增压扭矩，缠紧钢丝绳，保持大钩载荷恒定。船体上升时，液压马达逆转变成泵，可使低压油箱中油通过泵，压入高压储能器，提供绞车减少扭矩，放松钢丝绳，达到升沉补偿的目的。

图 3-55 是电动绞车，使用在钻井绞车快绳端。对于电驱动的钻井绞车，其工作原理是利用检测仪表，把钻井平台的升沉运动信息收集汇总，处理后把检测到的信息输入到控制系统，实现控制驱动电机的正反转，收紧和放松钢丝绳，实现拉力恒定，达到补偿的目的。

图 3-55　钻井快绳端波浪补偿绞车

　　豪氏威马公司在钻井船上设置了风浪补偿装置,配备恒张力装置、被动式风浪补偿、主动式风浪补偿。该公司设计和制造的电动驱动绞车,具备高动力、低惯性的电动机,可允许对负载进行风浪运动的实时补偿。绞车会响应传感器检测到的信号,收紧或放松钢丝绳。该系统已安装在 Q4000 和 BULLY 系列钻井船的绞车上,见图 3-56、图 3-57 和图 3-58。

图 3-56　钻井船钻机绞车的升沉补偿系统

图 3-57　钻机升沉补偿绞车

图 3-58　钻井塔架配备的风浪补偿绞车(Bully 1)

3.6.2　工程船吊放海底设备和潜水器的升沉补偿

在海上施工作业中,特别是工程船舶,要吊装海底设备、水下采油树、水下管汇、水下潜水器等。如遇到恶劣海况,船舶摇摆的幅度很大,给施工带来困难,尤其是要下放到海底的设备,需要"软着陆",不能硬砸下去,就需要升沉补偿,要使设备稳稳地放到海底,如果绞车有升沉补偿的功能,问题就解决了。下面介绍的这几种补偿器就属于此类装置。配升沉补偿海底设备收放系统的绞车,见图3-59。

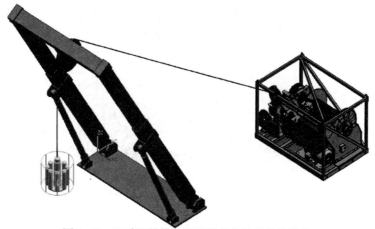

图 3-59　配升沉补偿的海底设备收放系统的绞车

海底设备收放系统:工作负载为100kN;工作速度为30m/min。

下放海底设备要"软着陆",需要升沉补偿,避免硬砸下去。而在收回或者要取回放置多时的水下海底设备更需要升沉补偿,因为在需要收回设备挂钩起吊时,被取回设备构件可能被淤泥和泥沙吸附,重量可能远远大于原来设备本身的重量,因此,就要用张紧器一次一次的试吊,使设备与淤泥产生缝隙,最后吊起收回。避免起吊时吊索拉断,使作业失败。海底设备收回见图3-60。

麦基嘉公司的电动升沉补偿脐带绞车可安全释放和回收各种类型的海底设备和无人潜水器。设计非常可靠和准确。可以承受极端的动态负荷,可以在−20℃~40℃的不利天气条件和高达6级海况下确保升沉补偿系统安全运行。在船中的月池、舱顶,以及舷边都能安全操作。电动升沉补偿脐带绞车释放和回收海底基盘见图3-61。

图3-62显示的是利用船尾的A形架,绞车的升沉补偿系统回收和释放一个作业模块。

脐带绞车和滑轮系统设计用于所有类型的ROV起吊回收下放。利用直接在绞

图 3-60　海底设备收回

图 3-61　电动升沉补偿脐带绞车释放和回收海底基盘

车上的主动升沉补偿技术提供极其精确的定位和控制速度增强使用寿命。滑轮系统允许绞车在船上灵活布置,同时保持脐带的完整性。回收 ROV 见图 3-63。

图 3-62 回收和释放海底模块

图 3-63 回收 ROV

3.6.3 救生艇收放升沉补偿

中国船舶重工集团公司某研究所是国内规模最大和最有影响力的船舶特辅机电设备研究所,主要从事大型水面船舶特种装置、船舶综合供电系统、船舶辅机设备、船舶隐身技术应用、特种测试及环境条件试验研究 5 大船舶设备专业板块,共 37 个专业的船舶特辅机电设备及海工设备的研发、总成和服务。目前,该研究所是国际

ISO/TC8(船舶与海洋技术委员会)/SC4(舾装与甲板机械分技术委员会)主席单位,国内甲板机械标准归口单位。

天车型补偿装置,直接作用型隔水管张紧器形成深水浮式钻井平台完整的深水升沉补偿系统。其中的天车型钻柱补偿装置全面涵盖主动、被动、主被动联合补偿的3种主要补偿技术。该所在船舶及海洋工程装备波浪补偿装置研发、设计、生产、试验、服务等方面,都有不俗的表现。下面重点介绍在海上救生艇方面的收放技术。

图 3-64、图 3-65 展示的是该所设计的救生艇设备的吊放,通过绞车补偿使得救生艇下放、回收操作平稳、安全。

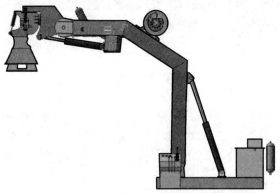

图 3-64　救生艇下放回收绞车补偿示意图

救生艇架主要性能:最大工作负荷 50kN;最大工作跨距 4000mm;速度 48m/min。

图 3-65　救生艇下放回收支架

如图 3-66 和图 3-67 所示的是吊放和收回救生艇作业的情况。

图 3-66　吊放救生艇　　　　　　　　　　　图 3-67　收回救生艇

3.6.4　海洋工程船吊机的波浪补偿系统

在海洋工程领域,生活支持保障平台成为新宠,市场需求很旺,不少造船厂接了订单。其原因是钻井平台舱储空间较小,甲板面积不足以存放多种专业设备和配件,维修和起吊设备安放受限,再加上海上施工人员生活水平需求的提高,钻井平台的噪声和舒适度,娱乐设施不能满足员工的需求,所以生活支持保障平台就应运而生。而其中连接钻井平台和生活平台的扶梯就需要采用升沉补偿装置,使人员过往更为舒适安全。当然还有吊运各种货物、设备,吊机都配备了升沉补偿装置。吊运货物不仅平稳,而且不会因船舶的上下升沉、前后左右摇晃使货物乱甩而产会碰撞,从而极大地提高了工作效率。

现在,在海洋工程辅助船舶的吊机上也开始配装升沉补偿系统。以保障吊运安全,并提高工作效率。

图 3-68 是海洋工程起重船上用的运动补偿系统原理示意图。从该图上可以直观地看到起吊绳绕过装在活塞杆上的动滑轮组件,由高压空气推动液压油,使活塞向下推动,调节气压就能使活塞杆拉动动滑轮产生要求的拉力,这样就达到运动补偿的效果,使起吊平稳、安全。

图 3-69 至图 3-72 是豪氏威马公司(Huisman)生产的海上吊机波浪补偿系统。图 3-69 是吊机升沉补偿原理图。该系统设计的特点是采用了主动式和被动式补偿相结合的方法,使起吊更加平稳。主动油缸和被动油缸结合体见图 3-70。

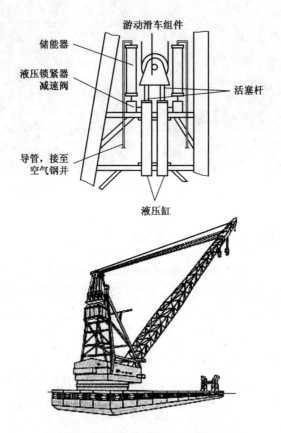

起重机运动补偿器

游动滑车组件

储能器

液压锁紧器
减速阀

活塞杆

导管，接至
空气钢井

液压缸

图 3-68　海洋起重吊机运动补偿示意图

　　波浪补偿系统由以下部件组成：一个被动油缸，两个附加主动油缸，一个用于主起升钢丝绳穿绳的滑轮。主油缸通过一个介质分离器连接到压力容器单元，被动式系统由钢丝绳上的负载进行平衡，这样可以有效减少系统所需动力。波浪补偿器见图 3-71。

　　主动式气缸与一个液压动力单元相连接，见图 3-72。该气缸会响应检测到的信号，延伸或缩进以保持负载的水平位置不变，由于主要的负载由被动式主气缸进行补偿，因此主动式气缸只需补充在主动式波浪补偿过程中的实际载荷。

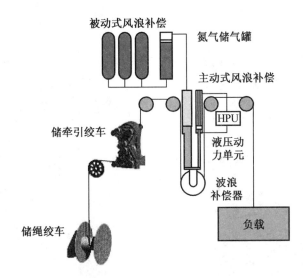

被动式风浪补偿

氮气储气罐

主动式风浪补偿

储牵引绞车

HPU

液压动力单元

波浪补偿器

储绳绞车

负载

图 3-69　深水吊机升沉补偿原理图

图 3-70　波浪补偿系统的结合体

图 3-71　波浪补偿器

图 3-72　补偿器的液压动力单元

　　麦基嘉(MacGregor)公司在海洋工程辅助船舶上,除了在起吊下放下海的装备用升沉补偿系统外,为了使吊运更为安全可靠,工程船上的吊机也设计和配制了不同型式的波浪补偿装置,甚至设计了使整个吊机都能升沉补偿,整机机座都能随船的运动而进行补偿。

　　图 3-73 所示装有波浪补偿系统的海工辅助船。

图 3-73　装有波浪补偿系统的海工辅助船

　　麦基嘉的海工吊,将主动型升沉补偿、恒张力、辅助绞车和卷扬机的功能都集成在一个强大直观的控制系统中,保证了精度和关键操作的安全性。在安全工作负载范围内,吊机单绳起吊能力范围最高可达 600t,水深达 4000m,见图 3-74。

图 3-74　麦基嘉深水海工吊

　　半电动主动升沉补偿起重机保留了传统海上起重机的优越的操作性能,同时在改善对环境的影响、降低功耗、带有集成储能能力的电力再生并降低安装和维护要求的方面显示了巨大优势,见图 3-75。

图 3-75　半自动海工吊

图 3-76 为三轴运动补偿起重机。该起重机是为在海上风电安装和钻井补给以及维护操作期间精确的负载装卸而设计。起重臂可伸缩和折臂,可以补偿船舶在水平面的纵摇和横摇以及垂直的上下运动。水平补偿技术确保起重机保持与海床垂直,从而平行于风车的结构。通过吊机本身绞车自动控制功能实现对船舶垂直运动补偿。据此,使被吊物固定在被选定的位置上。

图 3-76 三轴运动补偿起重机

图 3-77 为船用吊机。其设计特点是配有驾驶室和所有功能都集成在驾驶室中的控制系统内,主动升沉补偿和恒张力。有大的起吊能力,安全可靠,适应海上操作。

前面介绍了多种升沉补偿装置,用在不同的场合和位置,上述装设升沉补偿装置的几种方法有各自的优缺点,均有可取之处。

随着科学技术的进步,人们在实践中,不断地进行改进和探索,发扬优点,摒弃在使用过程中一些不方便的操作,如果研发制造的装置本身存在不安全因素,制造成本高,安装又费事,又影响钻井效率的产品,必然被淘汰。综合各种因素考虑,从世界各国实际使用情况来看,在游动滑车和大钩之间装设升沉补偿装置较多。但再看近年来,随着海上钻井从浅水逐渐走向深水,钻井深度也在逐渐加深,井架的起重能力和尺寸都在加大,在新设计的半潜式钻井平台和钻井船上,人们用天车型升沉补偿装置反而增加。这是因为顶驱的出现使然,在游车下吊着升沉补偿装置再加上一个顶驱,在井架上上下往复运动,重量又重,不仅功率消耗大,对钢丝绳的使用寿命影响也很大。所以新造的深水半潜式钻井平台大都选用了天车型升沉补偿装置。当然,看待任何事物都有从哪个角度去看的问题,要看船东的喜好,还要看钻井平台在什么海域作业,海域环境、海况、经济等情况,综合选择。

图 3-77　船用吊机

　　从前几年我国国内造的半潜式钻井平台和钻井船配套的升沉补偿装置来看，几乎都是采用国外几家名牌产品，说明我们在这方面还有很大差距。虽然我们也有一两家企业在努力研发该项产品，但用户很少。这是多方面因素决定的。这还需要时间，还要上下努力才行，国外一百多年沉淀下来的技术，我们不可能在短时间内完成，还是有一个过程的。就像航天人一样，在技术上还得一步一步去做。

　　现在国内有几家单位对升沉补偿绞车有了较多的研究。如采用液压蓄能节能与电液联合驱动的方式可降低系统能耗。通过合理设计补偿绞车驱动装置结构及控制策略可实现钻柱升沉补偿运动与自动送钻的合成及解耦控制等。相信，只要在这方面不断努力去研究，一定会取得好的效果。

第4章
张紧器

在浮式钻井装置中,由于潮差和涌浪的影响,钻井装置时时刻刻都在做上下升沉、飘移、纵横摇运动。有时海面上看似风平浪静,但钻井平台照样有升沉,这是从远处传来的涌在作怪,可以说海面没有消停的时候。所以,钻井装置每时每刻地升沉运动,对钻井施工作业产生很大影响。前面第三章已经说过,大钩吊着的钻柱,需要升沉补偿器进行钻柱补偿才能正常钻井。此外,受到影响的还有钻井平台通向海底水下设备的多根绳索,如从水下井口装置连到船上的4条导向绳,水下钻井设备防喷器控制系统水下插接器的2条提吊绳,伸缩隔水管外管多根提吊绳,这些绳索经常需要保持一定的张力。从钢丝绳水下固定点到船体的距离,随着海水的潮起潮落,钻井平台受涌浪的影响,是周期性的不断变化着的。一会儿放长,一会儿又缩短。如果没有张紧器把钢丝绳撑起来,要么钢丝绳在涨潮时拉断,要么退潮时钢丝绳被放长,那就很危险,多放长的钢丝绳会缠绕到其他的设备上,造成不必要的麻烦。20世纪80年代初,我们在"勘探三号"半潜式钻井平台试钻的一口井上,由于当时对浮船钻井工艺技术没有经验,见外国钻井公司在海上钻井时,平时把水下电视放到水下,我们也学习不提出水面,误把水下电视提吊绳多放了几米,第二天再去操作,钢丝绳和控制电缆缠到了防喷器和控制设备上。所以入水的导向、提吊钢丝绳必须要有一定的张力,至少要把在水中的钢丝绳自身的重量撑起来,始终保持张紧状态,才能保证钢丝绳的安全。另外,安装水下设备需要导向时,要根据导入物体的重量和大小,井位当时所处的海流大小、方向,设定导向绳张力的大小,调整储气瓶空气压力,以保证导向绳有足够的张力使被导入物体顺利导入并安装就位。

隔水管张紧器是用钢丝绳把水下设备的隔水管提起来,不仅提吊,而且有一定的超拉力,使整组隔水管始终处于张紧状态。隔水管绝不能处于受压状态,否则就会折断。隔水管外面包有耐压的泡沫塑料或者气筒,它们产生的浮力至少把该根隔水管的绝大部分的重量浮起来,剩下的一点重量每根累计起来就由隔水管张紧绳承担。

张紧绳的提吊力是根据水深、隔水管的长度和海况进行确定的,下面在讲到隔水管张紧器时详细叙述。

张紧器除上述作用外,还用于海洋工程辅助船上,使被下放到海底的组件实施"软着陆"。海上补给船输送物资,以及三用工作船靠泊平台,如果有张紧器,就方便和安全多了。

张紧器的工作原理基本上是相同的,即用高压空气推动活塞,或者高压空气推动液体,液体再推动活塞。在液缸活塞杆一端装有两个滑轮,在液缸的固定端也装有两个滑轮,滑轮组构成复滑车系统。钢丝绳一端穿过滑轮组固定在滑轮侧板上,另一端与伸缩隔水管外管相连,活塞杆的伸出和缩进,改变了滑轮间的距离,形成钢丝绳的收放。改变推动活塞的空气压力就可以调节钢丝绳的张力。

张紧器的分类如同钻柱升沉补偿器一样,也分为活塞杆受压型和活塞杆受拉型。按传动的方式分,可分为钢丝绳张紧器、链条式张紧器、直接张紧器、单缸式和双缸式张紧器。按使用的用途分,可分为导向绳张紧器、隔水管张紧器、采油张紧器、张力腿平台张紧器和特殊用途张紧器等。

图 4-1 所示为几种不同型式隔水管张紧器简图。

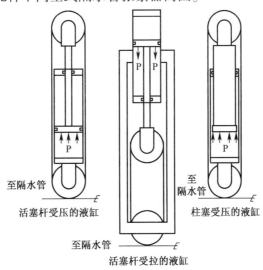

图 4-1　几种不同型式的隔水管张紧器示意简图

4.1　早期张紧器——平衡锤

早期,在海上钻井时,人们还没有发明用高压空气和液压油作为张紧器的驱动张力,而是采用最简单的方法,用平衡锤作为重力拉起伸缩隔水管的外管。最初,我国第一艘钻井船"勘探一号"就是采用这种方法。根据作业水深确定隔水管的长度和使用几根浮力隔水管,进一步确定伸缩隔水管外管需要的提升拉力,计算出平衡锤的重量,然后用钢丝绳一头与伸缩隔水管外管相连,通过导向滑轮另一头与平衡锤连接,在船舷把平衡锤放入水中。随着船的升沉,平衡锤上下运动,起到张紧器的作用。钢丝绳张力等于平衡锤在水中的重量,平衡锤的行程为船体升沉距离的两倍。见图4-2 早期的张紧器——平衡锤。这种原始的张紧器,方法简单,成本也低,但张力有

限。可想而知,如需调节张力,也是很困难的。它占据较大的空间,操作不便且费事,而且受海况的影响较大,风浪大了,平衡锤在水中摆动很大,很不安全。另外,为了减轻平衡锤的重量,就得把隔水管的重量减轻。隔水管的长度是无法减小的,因为长度是由水深决定的。当时就采取两种方案,一种是绑扎泡沫塑料,另一种是隔水管增加气室,使隔水管增加浮力。当时泡沫塑料没有合适的,因为要求既轻又有一定的强度,在水中还能承受一定的压力而不变形。所以,后来还是采用增设气室的隔水管,体积是大了些,但隔水管的重量减轻了。

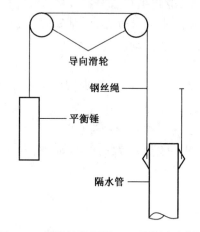

图4-2 早期的张紧器——平衡锤示意图

导向滑轮
钢丝绳
平衡锤
隔水管

这种平衡锤的张紧器终究不是一个好办法,人们必须另想出路。很快气液张紧器研制出来了,取代了这种简单的张紧器。

4.2 活塞杆受压的张紧器

4.2.1 张紧器的研制和结构组成

早在20世纪60年代创立的Rucker公司,开始研制、设计"Rucker"张紧器。研制张紧器的目标就是解决海上浮式钻井装置上下升沉等运动带来的麻烦。当然,研制的原则是既实用可靠,又能保证使用安全,维护简单方便,制造成本低廉。经过设计试制、试验,产品很快制造出来并投入市场。产品销路很好,在当时该公司的产品几乎垄断了整个钻井平台市场,90%的钻井装置都装上了该型张紧器。

图 4-3 展示的是"Rucker"隔水管张紧器。该型张紧器的最大特点是活塞杆受压,主要构件组成如下:

(1) 管路及控制仪表。

(2) 高压储气罐($200 \sim 2400 \mathrm{lb/in}^2$)。

(3) 高压气液罐。

(4) 复滑轮组(放大活塞行程 4 倍)。

(5) 安全速度控制阀。

(6) 低压端润滑油雾罐($20 \sim 40 \mathrm{lb/in}^2$)。

(7) 活塞及高压密封。

(8) 液缸。

(9) 张紧绳。

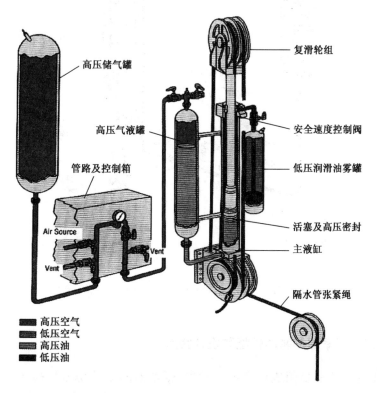

图 4-3　"Rucker"隔水管张紧器基本组成示意图

"Rucker"导向绳张紧器构件组成见图4-4。导向绳张紧器结构同隔水管张紧器基本相同。它们的区别,导向绳张紧器与隔水管张紧器相比工作压力和缸体、滑轮直径小一些、缠绕在张紧器上的钢丝绳细一点。导向绳张紧器没有增设高压气液罐,用高压空气直接推动活塞,使复合滑轮组撑开。一端绕在滑轮组的导向绳前端,通过滑轮下到水下与水下钻井设备的永久导向架柱相连。另一端绕过张紧器的滑轮组,再绕过定滑轮,缠绕设在甲板的绞车上。而隔水管张紧器的张紧绳前端绕过大定滑轮与伸缩隔水管外管相连,而尾端固定在隔水管张紧器的滑轮侧板上。

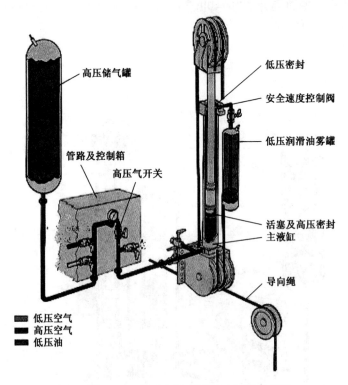

图4-4 "Rucker"导向绳张紧器基本组成示意图

4.2.2 张紧器的基本性能和设计特点

从上述的张紧器组成构件可以看出,张紧器的驱动动力是高压空气。隔水管张紧器储气瓶中的高压空气驱动高压气液罐中的液压油,使液压油产生液压,液压油在液缸中推动活塞,活塞杆把复滑轮组推开,使缠绕在滑轮上的张紧绳抻开并产生所要求的张力。张紧器就像一个液压弹簧,随着船舶的升沉而松开、压紧,以保持隔水管与导向绳上的预定张力。张力是可以调节的,通过控制箱中的控制阀调节空气储气瓶中的空气压力,达到张紧器的预定张力。隔水管提吊绳张紧器的张力是根据水深、隔水管的长度在水中的重量来确定的。在这口井安装好后,一次调整好储气瓶的压力就不动了,保持这个压力就能保证张紧器的恒定张力。所以在实际操作中,隔水管提吊绳张紧器,密切注意储气瓶的压力,低增高放。如上所说,导向绳张紧器和隔水管提吊绳张紧器结构基本是一样的,只是张力、大小尺寸的不同,所以,导向绳张紧器张紧绳一端与水下的永久导向架导向柱顶相连,另一端与安放在甲板上的空气绞车相连,见图4-5。这是因为导向绳的长度与水深有关,每口井的长度是不一样的,而隔水管提吊绳几乎每口井都是一样的。所以,导向绳比较长,它从水底永久导向架柱顶连出后,来到平台,经过滑轮,挠过张紧器之后就缠绕在空气绞车上,根据需要随时可以收放。在实际使用中,当需要下放安装水下设备防喷器组或者其他重型设备需要导向时,就把导向绳张紧器储气瓶的压力增高,以保证有足够的张力使安装的设备顺利导入。当正常钻井时,导向绳张紧器就处于"休闲状态",减少压力,只要把导向绳吊起张紧,不缠绕到别的设备上就行,以减少导向绳的受力磨损。

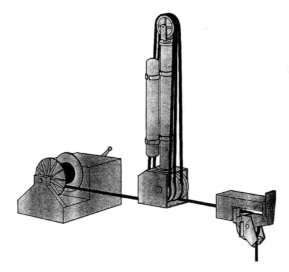

图4-5 导向绳张紧器绳索传动原理图

考虑到海域的潮差和升沉,张紧器的工作行程均要大于10m,一般为12m。因为采用复滑轮组,放大4倍,所以活塞杆的工作行程仅为张紧器工作行程的1/4,这样结构小一点,也便于制造和安装。

现在使用的张紧器,其总张力范围为 240000～640000lbf(1lbf = 4.448222N),每个张紧器的张紧力为 60000～80000lbf 之间。正如前述,张力的获得是依靠压缩空气挤压液压液,然后推动活塞,使滑轮撑开。由于气体的可压缩性,气体体积有较大变化时其压力基本上保持不变,于是张力也基本保持恒定。下面两幅曲线图分别是隔水管张紧器和导向绳张紧器典型的张力-行程曲线图,见图 4-6 和图 4-7。张力系统的机械和液力的总摩擦力约占总张紧力的 15%,由于气体体积的变化而造成的压力变化所引起的张力变化取决于所用的高压容器的体积,通常设计为 5%～10%,于是通常张力的总变化大约不到 20%～25%。

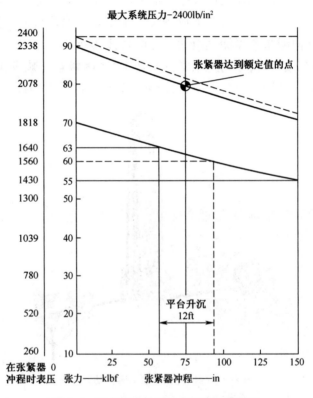

图 4-6 隔水管张紧器张力与冲程曲线图

图注:1U. S. gal(美加仑)= 3.785L(升) $1lb/in^2$(磅/平方英寸)= 6.895kPa(千帕)

1lbf(磅力)= 4.448222N(牛)   1in(英寸)= 0.0254m(米)   1ft(英尺)= 0.3048m(米)

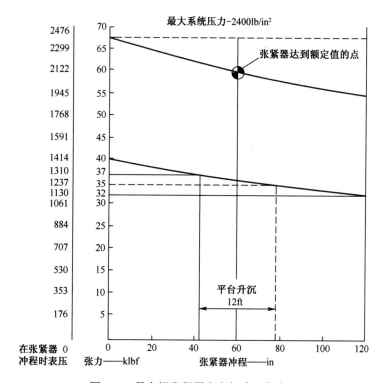

60000lbf
275us gal空气压力容器-K=1.1

图 4-7　导向绳张紧器张力与冲程曲线图

图注：1U. S. gal(美加仑)= 3. 785L(升)　1lb/in²(磅/平方英寸)= 6. 895kPa(千帕)

1lbf(磅力)= 4. 448222N(牛)　1in(英寸)= 0. 0254m(米)　1ft(英尺)= 0. 3048m(米)

"Rucker"张紧器在设计上有以下特点：

（1）以高压压缩空气作为张紧器的驱动动力、传动介质,减少了液压油的密封泄漏,也提高了传动效率。

（2）由于采用了复滑轮组,放大活塞杆行程 4 倍的结构,这样在保证足够行程的前提下,活塞杆可以做得短一点,便于加工安装,也降低了制造成本。

（3）本设计增加了一个低压润滑油雾罐,使得活塞杆在密封处得到润滑,避免发热磨损,加剧活塞杆和密封的损坏。另外,在其管路上增设了一个安全阻尼阀,当导向绳和张紧绳发生事故断裂时,避免活塞杆迅速冲到顶端,造成机构损坏和人身事故。

（4）由于采用活塞杆受压缩设计,与活塞杆受拉伸型在相同液缸—活塞杆直径和工作压力情况下,可有效增大补偿能力。也可以这样认为,与拉伸型在相同补偿载荷下可有效降低流体系统的工作压力。

(5) 在液缸的上、下端均设计了液压缓冲结构,避免发生撞击液缸事故。

4.2.3　张紧器的不断改进和创新

经过几年运营后,Rucker 公司更名为 Shaffer 公司。该公司不仅研制生产张紧器,其他像升沉补偿器、防喷器等产品均很有名,占有很大的市场份额。我国的大部分的钻井平台都使用该公司的产品。2000 年后,由于公司收购、重组,该公司成为美国 NOV 集团瓦科-谢弗尔公司(Varco-Shaffer)。

随着钻井深度的增加,隔水管也随着加长、加重。为了满足这种需求,Shaffer 公司研制了双缸张紧器,见图 4-8。显然,这样就增加了张力,节省了空间。另外该公司还研制了一种新型隔水管张紧器,见图 4-9。它是一种挠性的连接链,同时又兼有着现有 Shaffer 钢丝绳隔水管张紧器的优点。该型张紧器的张紧能力为 80000lbf、160000lbf 和 320000lbf,升沉补偿范围为 50~80ft。其优点是:

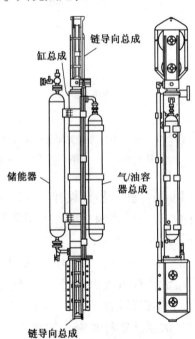

图 4-8　Shaffer 公司双缸张紧器　　　　图 4-9　Shaffer 公司链式张紧器

（1）由于使用了链条,从而延长了设备的使用寿命,同时也避免了使用钢丝绳时,因磨损而发生的断裂和滑脱现象。

（2）挠性链能够沿半径较小的滑轮转动,避免了使用钢丝绳时所产生的那种应变力。

（3）使用的叶形链,设备的寿命可达 5 年。

（4）链的定期检查比钢丝绳容易。钢丝绳必须在全长上检查每根损坏的钢丝,而链轮只需用简单的测量 1ft 长度内的增长量来判定磨损程度。

（5）链条在滑轮上的弯曲应力实际上是零,而钢丝绳在滑轮上弯曲则需要很大的力。

（6）使用链型张紧器就不必备用钢丝绳,取消了 4 捆钢丝绳,平台上可以多带其他物品了。

（7）链型张紧器比同张紧力的钢丝绳的张紧器要轻 2000lb 左右。

瓦科-谢弗尔公司生产的张紧器,其主要技术规格见表 4-1。

表 4-1　Varco-Shaffer 公司张紧器主要技术规格

型号	张紧器张紧力/kN（Ibf）	补偿行程/m（ft）	质量/kg（Ib）
14k	63.3（14000）	12.2（40）	1,270（2800）
16k	71.2（16000）	12.2（40）	1,815（4000）
60k	267（60000）	15.2（50）	8,394（18500）
80k	356（80000）	15.2（50）	10,209（22500）
80k	356（80000）双缸	15.2（50）	19,964（44000）
120k	534（120000）	15.2（50）	13,521（29800
120k	534（120000）双缸	15.2（50）	25,363（55900）
160k	712（160000）双缸	15.2（50）	20,599（45400）
200k	890（200000）双缸	15.2（50）	23,140（51000）
250k	1113（250000）双缸	20.1（60）	30,581（67400）

4.2.4　吨-周期频率仪

为了检测隔水管张紧绳的使用、磨损情况,在隔水管张紧绳中间装有"吨-周期频率仪"。见图 4-10,图中展示的是该仪器的组成情况。该系统需要外界提供动力电源,具体要求为 AC115V,AC230V 的交流电,DC24V 直流电,或者其他可供选择的电源。仪器通过磁感应测得有关数据,从而测得每根张紧绳的张力大小、来回往复次数,再配合观察,掌握钢丝绳的磨损情况,提出更换时间。因张紧绳走向是在钻台甲板的下面,穿越钻台结构、空间较小,所以布置合理,安装恰当,又能方便修理、拆装,均要在下面布置,设计还是要下些功夫的。何况下面还有电缆、水管、气管等都要在下分布量、这就要多方面的协调,达到最佳效果。具体安装位置见图4-11。

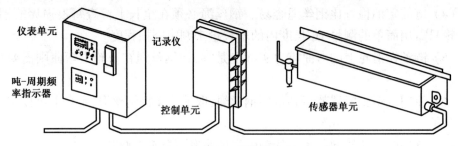

图4-10 "吨—周期频率仪"

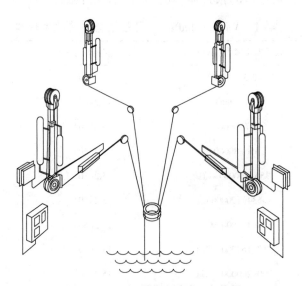

图4-11 "吨-周期频率仪"安装图

4.3 活塞杆受拉的张紧器

1970年,维高公司的张紧器研制出来,打破了Rucker公司在这一领域的垄断地位,成为有力的竞争者。

4.3.1 活塞杆受拉的张紧器组成

维高公司生产的张紧器,如同前述的 Varco-Shaffer 公司张紧器基本原理一样,也是利用高压空气作为驱动力推动油液,使活塞动作,使安装在活塞杆上的滑轮运动,所不同的是前者活塞杆受压,而维高公司的张紧器活塞杆受拉,见图 4-12 和图4-13。

现在维高公司生产的张紧器已把储能器和气液罐联合起来做成张紧器的结构,这样,使张紧器的结构简化、紧凑,节省了空间。

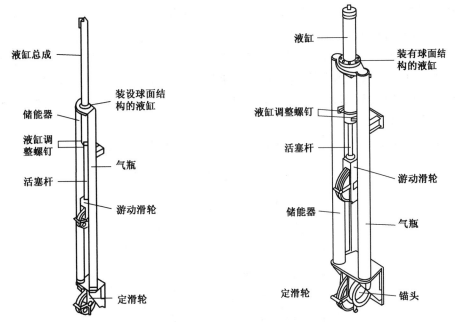

图 4-12　维高公司生产的导向绳张紧器　　图 4-13　维高公司生产的隔水管张紧器

从图中 4-12 和图 4-13 可以看出,油缸、活塞和活塞杆是张紧器的基本部件。由两个滑轮组成的动滑轮组与活塞杆端部相连。张紧器的支撑结构由两个形成垂直支柱的储气罐和气液罐组成。在支撑结构的上部有一个球面支座,用来支承油缸并使油缸保持在两垂直支柱的中心。两个滑轮组成的静滑轮组安装在两支柱支撑结构的下部。

无论是导向绳张紧器还是隔水管张紧器,在绳子的前端都要装一导向滑轮,而导向滑轮是系统中的独立部件,固定安装在钻台下部合适的位置。它通常用两个铰链连接,这样可适应张紧钢丝绳的多种角度。每台张紧器需配一个滑轮。为了增加钢丝绳的使用寿命,设计时把导向滑轮的直径加大,又采用了卡箍型叉式滑轮用青铜嵌镶,可使钢丝绳无损滑动,减少钢丝绳的摩擦。

如同上一家公司的产品一样,对隔水管张紧器和导向绳张紧器,钢丝绳绕过两个静滑轮和动滑轮的方法是相同的。四绳绕法意味着钢丝绳的行程50ft则连接动滑轮组的活塞杆行程为12.5ft,即4∶1的机械增益。在隔水管张紧器上,钢丝绳的死绳端在静滑轮锚头上绕两次,然后将钢丝绳绕到尾绳滚筒前用钢丝绳卡子牢固卡住。

为了使钢丝绳的张力为恒张力,液缸活塞下液面应不变。液缸所需的液压液保持在张紧器结构的一个支柱中,通过管汇连到液缸下部,另一个支柱内充满高压空气,并通过顶部的管汇与第一个支柱相连。该第二个支柱提供作用在液压液上所需的空气弹簧或空气容积的平衡力。这种整体式张紧器不需要"Rucker"张紧器所需的占用空间的气瓶。由于张紧器的空气瓶是本身所带,所以每个张紧器也不需要大通径的气体管汇,只需要一根直接由控制板来的小直径(3/4in)的高压管,这样安装要求就大大降低。

张紧器本体液压原理图见图4-14,整个系统原理图见图4-15。

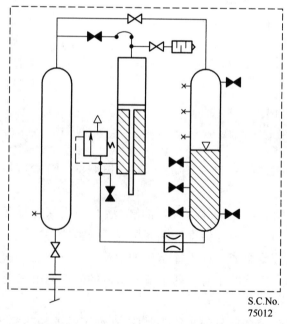

S.C.No.
75012

图4-14 维高公司生产的隔水管张紧器液压原理图

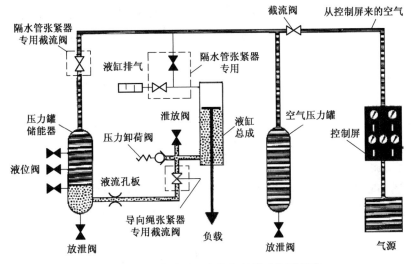

图 4-15　维高公司生产的张紧器系统原理图

4.3.2　活塞杆受拉张紧器结构设计特点

维高公司生产的活塞杆受拉张紧器设计颇具特色的。这种精心设计的整体式张紧器,有其独到之处。由于高压空气是储存在张紧器结构的两支柱中,所以这两支柱总是处在张紧状态,提供了稳定的刚性结构。张紧器的另一个特点是活塞杆在工作时也处于张紧状态。这就使活塞杆盘根盒密封的寿命延长,活塞杆也受不到弯曲负荷。

张紧器的液缸采用球面支承,使得液缸和活塞杆及动滑轮与静滑轮能完全对准。在调节时只要松开压板和 4 个对中螺栓,然后加油压,油缸坐落在支承上,重新上紧对中螺栓和压板,这样张紧器就被永久调到有利于它的操作寿命的位置上。在隔水管张紧器两支座之间的空气管汇中有一根附加的空气管线,配有一个阀,使空气可以通到油缸活塞的上部,通过调节活塞顶部的气压,活塞杆可在适当位置定位,以便开始穿隔水管张紧绳。这就是说一个人可以不用拉绳子,即可以最小的力精确地控制动滑轮的位置。

维高公司生产的张紧器的另一个特点是与同样负荷能力的压缩型张紧器相比,需要绕在张紧器上的钢丝绳减少了,每台张紧器约可节约 60ft(18.288m)的钢丝绳。

维高公司生产的张紧器使用的液压液与升沉补偿器的液压液是同一个品种。其原因是使用的环境一样,同样与压缩空气接触,可以用同一种供液系统,减少设备的配置。维高公司所用的液压液是一种硅基液体,它的黏度在 70°F 时大约是 65cP,闪点是 460°F,后期选择的牌号是 VCF-72,它含有一种添加剂,因而改进了液体的润滑性以及限制了对设备部件的腐蚀性,具有无毒与无腐蚀的优点。如果这种液体不慎溢出也不会使设备油漆剥落或烧坏操作人员外露的皮肤。

根据我国实际情况,在现实操作过程中,使用的是国产 201 甲基硅油。

该产品为透明无色、无味、无臭、无毒的油状液体,具有耐高低温等特性,较高的闪点和燃点,能在 $-50\sim180℃$ 下长期使用。如在隔绝空气或惰性气体中长期使用时,其温度可达 200℃。油的表面硅张力很小、压缩率大、抗切变性能好、黏温系数小、介电损耗小;耐电弧、不易挥发、不溶于水,同时还具有良好的生理惰性。其技术指标如下。

产品指标:201-100、201-350、201-500、201-800、201-1000。

运动黏度 cst(25℃):100±10、350±30、500±30、800±40、1000±50。

闪点(开口杯法)℃ ≥ 280、300、300、300 、300。

密度(25/25℃):0.965 −0.975。

凝固点℃ ≤ −55、−50、−50、−50、−50。

折光率:1.400～1.410。

201—350 甲基硅油。实践下来,使用效果很好,与国外油品性能相当,而价格又不贵。

维高公司生产的张紧器,其控制屏设计紧凑,安装在平台甲板"船井"附近明显易于看到的位置上。控制屏包括下列部件:控制两对相对的隔水管张紧器的两个控制手柄。这样可使隔水管外管上相对的一对钢丝绳拉力相等,使隔水管对准井口,受力平衡。装在该控制手柄上方的压力表指示压力的增、减,或指示对应的张力的增减。两个导向绳张紧器控制手柄,控制张紧器储气瓶的压力,相对应的每个张紧器的张力。控制手柄通过三位四通阀对张紧器储气瓶进行增压或放气,使张紧器达到要求的张力。另外还装有指示高压储气罐总压力的压力表。

安装在船井甲板上的控制屏见图 4-16。

4.3.3　活塞杆受拉张紧器的技术规格

下面列表、表 4-2、表 4-3 是维高公司生产的隔水管张紧器和导向绳张紧器的技术规格。

图 4-16 维高公司生产的张紧器控制屏

表 4-2 维高公司生产的隔水管张紧器技术规格

型　号	动载荷 /Ibf	绳索行程 /ft	最高压力 /(Ibf/in^2)	导绳规格 /in	滑轮直径 /in	长度 /in	宽度 /in	质量 /lb
RT2 60-40S	60.000	40	3500	$1\frac{1}{2}$	42	380	$49\frac{1}{2}$	22.800
RT2 80-40S	80.000	40	3500	$1\frac{3}{4}$	52	$404\frac{1}{4}$	55.	30.400
RT2 80-50S	80.000	50	3500	$1\frac{3}{4}$	52	$464\frac{1}{4}$	55.	31500
RT2 80-50D	80.000	50	3500	$1\frac{3}{4}$	52	$470\frac{1}{4}$	83.	62.100
RT2 160-50SC	160.000	50	3500	滚子链	无	594	68.	58.000

表 4-3　维高公司生产的导向绳张紧器技术规格

型　号	动载荷 /lbf	绳索行程 /ft	最高压力 /(lb/in^2)	导绳规格 /in	滑轮直径 /in	长度 /in	宽度 /in	质量 /lb
CT 16-40S	16.000	40	3500	¾	28	342¾	30½	7.400
CT 16-50S	16.000	50	3500	¾	28	402¾	30½	7.900

典型的隔水管张紧器表示为 RT80-50 或 RT80-40,RT 即代表隔水管张紧器,80
即动力负荷为 800001bf,钢丝绳行程为 50ft 或 40ft。通常隔水管张紧器需要 4 个张紧
器,80000lbf 的张紧器成为标准型的张紧装置。

随着浮船钻井作业水深的增加,隔水管长度也在增加,使用 6 个甚至 8 个 80000lbf
的隔水管张紧器的钻井平台越来越普遍了。维高公司顺应市场需求,生产了双缸型
RT80-50D 张紧器。见图 4-17。这是由两个张紧器联合起来的,可以节省空间和重量。

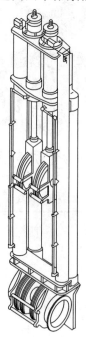

图 4-17　维高公司生产的双缸型 RT80-50D 张紧器

现在的张紧器的储能器设计成张紧器倒着安装时也可用。在储能器上有对称的
出口和衬套。这样,张紧器倒装时只要液体和空气管汇对换就可以了。也就是说,假
如需要的话,基本型的张紧器可以倒装。

4.4 深水张紧器

由于对能源的不断需求,随着海洋石油勘探技术的发展,人们海洋勘探的步伐从近海到远海,从浅水到深水。对设备的需求也应适应这一发展的需要。卡姆伦(Cameron)公司也顺应了这一发展需求。该公司在钢铁工业和航天领域都有出色的业绩,在海洋工程领域,先前主要以生产钻井水下设备闻名。U 型防喷器、爪式连接器占有市场很大份额。它的 U 型防喷器与 Shaffer 公司生产的防喷器成为世界品牌的两大产品。而它的爪式连接器与维高(Vetco)公司生产的 H-4 型连接器成为竞争对手,占据世界的绝对垄断地位。近年来,卡姆伦公司看准市场需求,涉足海洋工程深水领域,研制了一系列深水设备,表现出该公司的特色。

卡姆伦公司生产的张紧器、补偿器用于深水钻井开发。其最大的特点是张紧器的油缸与该公司生产的游车型钻柱运动补偿器可互换使用,加工品种少了,省事了。由于张力大,张紧器工作经久耐用。

深水用"开发系统张紧器"设计能力可以达到 320000lbf。深水隔水管张紧器设计的能力同样可以达到 320000lbf。深水用的大钩升沉补偿系统补偿能力 800000lbf 可以用到 900000lbf。完全满足了深水之需。

"开发系统张紧器"、深水隔水管张紧器分别见图 4-18 和图 4-19。

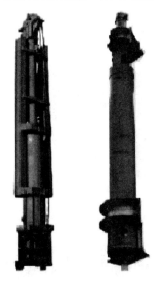

图 4-18 开发系统张紧器(Cameron)

图 4-19 深水隔水管张紧器(Cameron)

4.5 宝鸡石油机械厂设计生产的隔水管张紧器

宝鸡石油机械厂(以下简称"宝石机械")在海洋工程研发方面有多种产品。特别是面对海洋工程水下设备有几块硬骨头,敢于碰硬,投入力量进行研发,取得了一定的效果。研发出 H 级和 E 级具有自主知识产权的新型法兰式海洋钻井隔水管装置和 E 级旋转快速连接式海洋钻井隔水管装置。同时还研发出 E 级卡盘、分流器、伸缩隔水管、液压连接器、隔水管终端短节、水下井口装置、水下井口回接装置、水下管线连接器等,具备系统的配套实力。下面介绍的是与本书相关的张紧器有关内容。

宝石机械目前已开发出滑轮-钢丝绳式和液缸直接式两种类型隔水管张紧器。滑轮-钢丝绳式隔水管张紧器有 3 种规格:

54t 滑轮-钢丝绳式隔水管张紧器;

72t 滑轮-钢丝绳式隔水管张紧器;

90t 滑轮-钢丝绳式隔水管张紧器。

液缸直接式隔水管张紧器有 280t 液缸直接式隔水管张紧器。

图 4-20 是滑轮-钢丝绳式隔水管张紧器系统总成、组件、安装效果图。

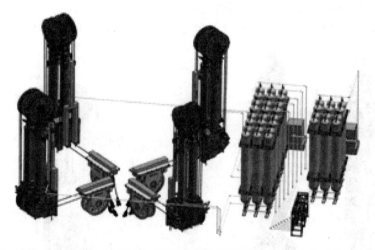

图 4-20 宝石机械生产的滑轮-钢丝绳式隔水管张紧器系统总成、安装效果图

宝石机械生产的 3 种规格滑轮-钢丝绳式隔水管张紧器的具体技术性能参数列表如下,详见表 4-4。

表 4-4 宝石机械生产的滑轮-钢丝绳式张紧器技术参数

张紧器型号	54t(120K)	72t(160K)	90t(200K)
钢丝绳最大张力(单根)/kN	555	710	890
钢丝绳最大行程/mm	15240	15240	15240
最大钢丝绳速度/(m/s)	1.5	1.5	1.5
钢丝绳直径/mm	$\phi51$	$\phi57$	$\phi63.5$
滑轮直径/mm	1526	$\phi1829$	$\phi1981$
操作液容积(单缸)/L	644	818	930
最大操作压力/(lb/in^2)	3500	3500	3500
外形尺寸/mm	9237×2150×1520	9720×2500×1750	10500×3200×2190

目前,宝石机械设计生产的最大的滑轮-钢丝绳式隔水管张紧器是 90t,其性能参数和设计特点如下。90t 钢丝绳式隔水管引紧器安装效果图与设计视图见图 4-21 和图 4-22。

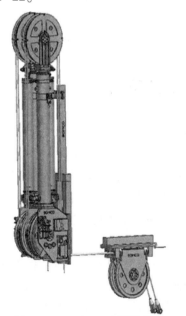

图 4-21 90t(200K)钢丝绳式
隔水管张紧器安装效果图

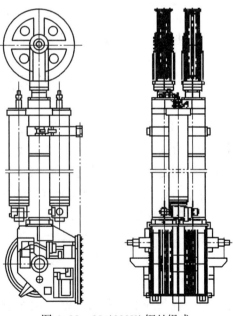

图 4-22 90t(200K)钢丝绳式
隔水管张紧器设计视图

（一）200K 钢丝绳式隔水管张紧器

1. 主要技术参数

（1）钢丝绳最大张力：890kN。

（2）钢丝绳最大行程：15240mm。

（3）最大绳速度：1.5m/s。

（4）钢丝绳直径：64mm。

（5）滑轮直径：1981mm。

（6）操作液容积（单缸）：930L。

（7）最大操作压力（单缸）：24.1MPa。

2. 主要特点

（1）设计符合 ASME 压力容器相关规范要求。

（2）采用钢丝绳结构，行程大。

（3）采用双缸并列结构，有效地节约了空间。

（4）采用反冲阀结构，易控制液缸进出液，防止安全事故发生。

（5）液缸采用环形弹簧作为二次安全保护。

（6）控制采用手动和自动相结合方式。

4.6 张紧器在平台上的安装

导向绳张紧器在钻台上的安装见图 4-23。4 根导向绳各由一个张紧器拉紧。张紧器均竖直安装在钻台立柱上，为的是节省甲板面积。每个张紧器下面配备 1 部绞车，绞车的作用是收放和储存钢丝绳，导向绳的长度随水深而变化。在下放防喷器组和隔水管时张力要大一些，使导向绳有足够的张紧力，保证水下安装的设备顺利导入、对准、连接。平时不用导入时，张力要小些，避免钢丝绳和其他设备构件摩擦受损。

图 4-24 为隔水管张紧器的安装图。隔水管提吊绳的长度基本上是固定的，与水深无关。如前所述，早期一般使用 4 个张紧器。后来有用 6 个张紧器，如果水更深，使用 4 个双缸的也有。它们分别安装在钻台的 4 个角上。为了受力均匀，它们成对安装。提吊绳的总张力应超过隔水管柱在水中的总重量。当然，为了减少隔水管张紧器的张力，隔水管使用浮力隔水管，每根隔水管的浮力在水中能把本隔水管浮起，或者浮起大部分，少部分由隔水管张紧器的提吊绳承担。浮力绝对不能超过隔水管本身的重量，浮力大会给下放带来困难，最主要的是一旦当隔水管发生断裂，上面的隔水管就会像炮弹一样冲向钻井平台，后果不堪设想。所以隔水管在水中多余的

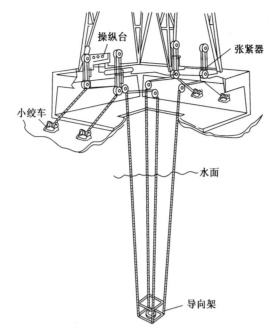

图 4-23　导向绳张紧器在钻台安装图

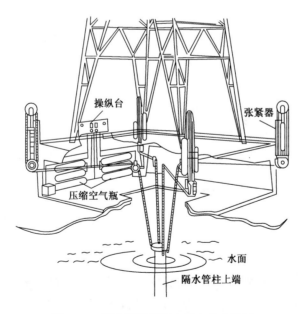

图 4-24　隔水管张紧器在钻台的安装图

重量要提吊绳承担,并且有一定超拉力,使隔水管处于受拉状态。此时内应力最小(隔水管处于压缩状态时,弯曲应力很大)。当遇上地层有油气溢出而不可控,而发生井喷时,或者遇台风、风暴、狂风恶浪,平台难以施工时,在遭遇此类危害到平台装备和工作人员人身的安全情况下,为了平台的安全,需要紧急脱开隔水管,只要打开下端的连接器,隔水管柱就会自行升起,伸缩隔水管快速缩回,这样平台就可根据情况进行下一步的处置。

图4-25、图4-26是维高公司生产的几型张紧器在钻井平台上的安装图。图4-25是导向绳和隔水管张紧器另外一种安装方式。而图4-26显示的是链式隔水管张紧器在钻台上的安装方式。它们根据设计需要,如受力、操作、空间需求、方便维修等因素,设计安装在钻台的不同位置。

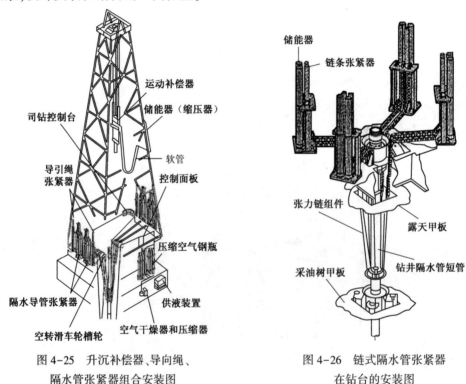

图4-25　升沉补偿器、导向绳、
隔水管张紧器组合安装图

图4-26　链式隔水管张紧器
在钻台的安装图

安装位置的设计是很有讲究的,因为这涉及平台的方方面面,特别是钻井平台司钻台的受力状态,再加上司钻台需要安装的设备很多,都需要空间位置,非常拥挤,又要留出足够的空间、面积以便司钻台上钻工们操作。所以一个好的钻井平台,司钻台上各种设备,设计师们安排得井井有条,十分合理。而员工的操作又十分方便,各种设备如铁钻工、绞车、动力钳、钻井绞车快绳死绳端、司钻控制室等都能方便操作,视野开阔,得心应手。当然,张紧器的滑轮和绳索、链条走向都在钻台面的下面,但是上述这些设备的基座和控制管线都要安装。所以把这些设备都布置安装好是要下些功夫的。像图4-26中展示的4个重型双缸链条隔水管张紧器,链条从张紧器出来通过链轮连接到伸缩隔水管的外管上与连接环相连,就要占用其很大的空间。

如上所述,绳索或者链条式隔水管张紧器一般是在司钻台上对角布置或者是对边布置。在实际使用过程中,几个张紧器的张力是一样的,在张紧器的控制系统中,把对角线的两个张紧器用一个控制阀操作,这样就可以保证张力相等。如果张紧器是单独控制,在使用过程中,其中一个张紧器发生故障或者绳索断掉,就要把其相对的另一个张紧器关掉,同时迅速调高另一组张紧器的张力,以保证隔水管的安全运行,然后再处置发生故障的张紧器。

图4-27是 Aker Kvaerner MH 公司生产的隔水管张紧器。该公司生产的导向绳和隔水管张紧器也属于活塞杆受压的张紧器一类,原理和结构如同上述其他公司产品。

Aker Kvaerner MH 公司生产的
隔水管张紧器规格:

45t　　（100 klb）

54t　　（120 klb）

73t　　（160 klb）

90t　　（200 klb）

102t　　（225 klb）

113t　　（250 klb）

补偿行程:

15.2 m（50ft）

18.3 m（60ft）

19.8 m（65ft）

导向绳和插接器提引绳张紧器:

7.3t　　（16 klb）

11.3t　　（25 klb）

补偿行程

12.2m（40ft）

15.2m（50ft）

图 4-27　Aker Kvaerner MH 公司生产的160000lb隔水管张紧器安装在深水钻井平台上

　　图 4-28 和图 4-29 是说明伸缩隔水管与隔水管张紧器在钻井平台船井(月池)中连接和工作的情况。图 4-28,6 个隔水管张紧器的张紧绳与伸缩隔水管的外管提吊环在船井中连接工作的情况,涌浪还是比较大的。图 4-29 显示隔水管张紧器的张紧绳与伸缩隔水管外管采用直接连接的形式,操作者正在检查处理隔水管张紧绳连接和伸缩隔水管的密封工作情况。

图 4-28　6 个隔水管张紧器的张紧绳
与伸缩隔水管的外管提吊环
在船井中连接工作的情况

图 4-29　在船井(月池)操作者正在检查
处理隔水管张紧绳连接和伸缩
隔水管的密封工作情况

4.7　直接张紧器

　　随着钻井装备技术的不断发展,钻井作业水深的不断加深,隔水管张紧器也有了发展。近来一些厂家生产直接作用的隔水管张紧器,如 Aker Kvaerner MH 公司以及 Hydralift 公司,当然其他公司也生产类似产品。

　　直接液缸式张紧器是近 10 多年发展起来的一种新型结构。该结构形式也是随着大型液压缸制造技术的发展而被应用的,通常安装在钻台下部位置,一般采用 4 个或 6 个液压缸组合形式。

4.7.1　Aker Kvaerner MH 公司生产的直接紧张器

液压缸总成主要由液缸、活塞、进液管线和密封结构组成。液缸上端和钻井平台钻台大梁连接,活塞一端与张紧提吊环连接,张紧提吊环与伸缩隔水管外管相连。高压储能器与液缸底部相通,其下端液体通过刚性管连接通入液缸,上端气体通过管线与气缸相通,用于调节气体压力来改变液体压力,以便调整液缸活塞的进给速度。同时,液压缸总成和高压储能器之间装有快速关闭阀,高压储能器上设有安全阀,下部有放气阀,低压气瓶上装有安全阀等。控制台上设有压力表、指重表、活塞行程指示灯、压力控制器、空压机起动及停车机构等,用以显示各个系统工作状态,实现人工手动操作;计算机控制系统能够对阀和泵等单元实施主动控制,提高了系统自动化性能。

直接张紧器技术优势与特点如下:

(1) 张紧力可高达 5000000lbf。

(2) 不再占用平台甲板空间,相对钢丝绳和链条张紧器占用甲板工作空间少了很多。

(3) 液压缸的两端都安装在弹性轴承上,能适应角运动和垂直运动。

(4) 由于运动部件少,因此维护保养相对简单;没有钢丝绳和链条,当然也省去备件,备用卷筒占用空间也少了很多。

(5) 部件少,重量轻,占用平台的可变载荷也就少了很多。

任何事物都没有十分完美的,直接张紧器也有不足之处:一是液压缸要求速度高,需要多根大直径管线进液才能保证液压缸速度;二是体积比较大,当前最大的长 15 m 以上,液压缸直径也较大,加工制造困难;三是由于安装位置位于钻台底部,安装和维护相对还是比较困难。但从发展来看,使用越来越多。

图 4-30 和图 4-31 显示的是 Aker Kvaerner MH 公司生产的直接隔水管张紧器在钻台上的安装。

2012 年 5 月,我国中海油"海洋石油 981"深水钻井平台正式交付,投入使用。该平台配套使用的隔水管张紧器正是 Aker Kvaerner MH 公司生产的直接隔水管张紧器,共计 6 个。图 4-32 显示的是直接隔水管张紧器在船井中与隔水管起吊环连接的情况,照片摄于该平台在南海海域海上钻井作业现场。

4.7.2　Hydralift 公司生产的直接张紧器

Hydralift 公司生产的张紧器有绳索型和无绳索直接作用型两种。图 4-33 显示的直接作用型用于立管和采油立管张紧器。一个平台有四个张紧器组合为一组。从该图中看,显得非常紧凑。明显地减少占用钻井平台的面积和空间,并节省了大量钢缆和导向滑轮。

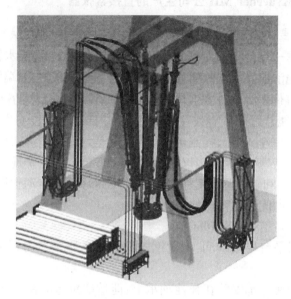

图 4-30　Aker Kvaerner MH 公司生产的直接隔水管张紧器安装图

图 4-31　操作者在船井(月池)正在处理 Aker Kvaerner MH 公司隔水管张紧器的缆绳管线

186

图 4-32　"海洋石油 981"深水钻井平台上正在运行中的隔水管张紧器

图 4-33　Hydralift 公司生产的用于采油平台直接张紧器

图 4-34 是 Hydralift 公司生产的钻井隔水管的直接作用型隔水管张紧器,用于深水和超深水,补偿张力和张紧行程也是比较大的。

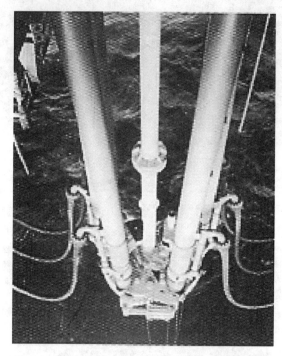

图 4-34　Hydralift 公司生产的超深水直接张紧器

图 4-35 钻井平台正在下放水下设备,从该图中可以俯视看到直接式隔水管张紧器下端提吊环处于打开状态,待把水下设备下放到海底后,隔水管和伸缩隔水管一根接一根接下去时,把隔水管张紧器下端提吊环合拢,卡在伸缩隔水管的外管上,连接在一起,隔水管张紧器就开始工作了。

4.7.3　卡姆伦公司(Cameron)生产的采油隔水管张紧器

卡姆伦公司生产的采油隔水管张紧器属于直接张紧器,主要用于张力腿平台,有两种形式,一种形式为活塞杆向下隔水管张紧器,另一种形式为活塞杆向上的隔水管张紧器,根据钻井平台的设计需要进行选择。分别见图 4-36 和图 4-37。

图 4-35 平台正在下放水下设备隔水管张紧器处于待装状态

图 4-36 张力腿平台活塞杆向下隔水管张紧器　图 4-37 张力腿平台活塞杆向上隔水管张紧器

从这些图中可以看出,张紧器结构简洁,安装也简单,占地空间小,当然本身张紧力也不大,非常适合张力腿平台和立柱式平台采油立管的张紧使用。

4.7.4 维高公司生产的张力腿平台张紧器

维高公司生产的张力腿平台张紧器生产较早,因为世界上第一座张力腿平台配套的设备都是维高公司生产的,其中包括张力腿平台张紧器。其安装示意图见图4-38。

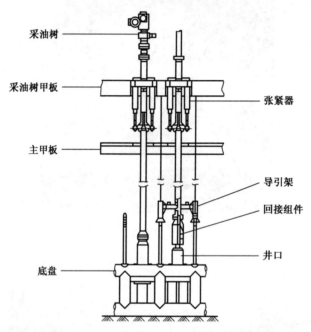

采油树

采油树甲板

张紧器

主甲板

导引架

回接组件

井口

底盘

图 4-38　维高公司张力腿平台张紧器安装示意图

从该图中可以看出,为紧凑起见,张紧器的液压液缸不采用钢丝绳或链条,而是直接连接到隔水管的提吊环上。提吊环把升缩隔水管的外管提起。每个张紧器的两端连接采用卸扣连接,这样能适应角运动,也能适应平台的轻微的晃动和偏离井位,不致产生过大的应力使张紧器损坏。各液压缸成对角线安装,如同前述,这样如果一个液缸出现故障时,与之相对的液缸就停止工作,防止偏心荷载的产生,这时可以提高剩下的另一对液缸的压力,使隔水管的张力提高到额定值。这时,迅速检修故障油缸,尽快恢复工作,投入正常使用。各液缸由采油树甲板上的控制板控制,储能器中的传感器也把各种信号传送到主控制室,以便控制整组张紧器。

4.8 海洋工程辅助船上使用的张紧器

升沉补偿装置和张紧器不仅在钻井平台和采油平台上使用,在其他的海洋工程船上也广泛使用。如吊放水下探测器(ROV)、水下工程装备、潜水器等都要用上张紧器。这类张紧器的原理和结构如同隔水管张紧器一样,也是利用压缩空气推动液压液,推动活塞,使绕在滑轮上的钢丝绳伸长或者缩回,起到升沉补偿、张紧和提吊的作用。

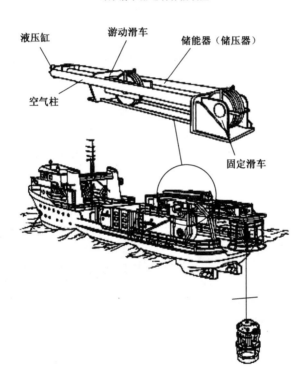

图 4-39 维高公司生产的起吊潜水钟张紧器安装工作示意图

图 4-39 显示的就是利用张紧器在吊放潜水钟进行海底水下工程作业。由于海洋工程作业范围的不断扩展,水下调查、救援、水下工程作业、水下安装工程项目越来越多,特别是油气勘探开发工程的发展,使得水下工程作业快速增加。为了在安装、施工过程中更稳、更安全,以及更高的效率,就需要张紧器,使被提吊的设备稳定在海

中的某一高度或者稳稳地放在海底,实现"软着陆"。

对于在海上施工的平台和作业施工的工程船,都要进行补给。补给的物资有液体的,如燃油、滑油、饮用水等,还有固体的物资,如生活用品、食品以及其他物资。钻井平台还好说,可以依靠运输船靠泊平台,通过起重机吊运,饮用水、燃油等液体物料通过软管输送,加长管子以防止走锚,拉断输送管。但在实际施工作业中,还是经常因为天气、风浪而使工程运输供应船移动走锚,给供应输送造成很大的威胁。特别是在航行中的船舶,互相加注就更困难了。现在利用张紧器,使两船靠近,保持一定的距离,拉紧张紧绳,加注的软管在张紧绳上滑行,从而使输送作业安全顺利进行。特别是对军用舰船,更为实用。某些军舰由于需要在海上航行、值守,或者工程需要,在海上工作时间较长,又不能因为需要加油而靠泊港口,为节省时间,由专门的补给船为其补给、加油。两船之间的加油管由张紧器拉着,避免由于船动而拉断加油管线,也避免泄油污染海域。补给供应船给海上工程船加注液体、物质。见图4-40、图4-41和图4-42。

图4-40　补给供应船给海上工程船加注油料

海洋工程辅助船靠泊钻井平台用的张紧器专门用于海洋工程辅助船靠泊钻井平台。张紧器安装在钻井平台的立柱上,辅助船的系缆分别与张紧器的钢丝绳连接。这样做的好处是使系缆受力更柔和,钢丝绳受力均衡,停靠稳当,不会因涌浪大使辅助船受力突然加大和减小,钢丝绳断裂损坏。在实践中,辅助船靠泊平台,因为海流是随时改变的,所以当时靠泊时,两根缆都是拉紧的,过一段时间就会一根紧,一根松,弄不好缆绳会跑到船底下。有了张紧器,缆绳一直张紧,而且保持一定的张力。况且张力根据具体情况,如风平浪静、大风、涌浪大小等,还可以调节。对安全靠泊是

图 4-41　补给供应船给海上工程船加注饮用水

图 4-42　运输供应船给海上工程船输送物资

十分有利的。具体布置见图 4-43 和图 4-44。

　　三用工作船靠泊钻井平台步骤：三用工作船到达目的地后，抛首锚，倒退靠泊平台，平台用吊机把张紧器张紧绳前端吊到工作船上，工作船船尾两根缆绳分别与张紧器张紧绳相连，并拉紧，调节缆绳长度。平台上调节张紧器的行程和空气压力，达到最佳状态。靠泊期间、注意观察，使张紧器的活塞杆始终处于中间位置为最理想的状态。从目前看，用的不多，原因从经济上考虑，要增加二套设备，且价格不菲。另外，操作起来,也不是很省事。所以,船东就要权衡了,是不是非装不可。

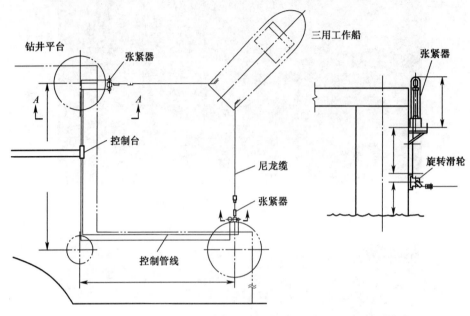

图 4-43　海工辅助船靠泊平台连接示意俯视图

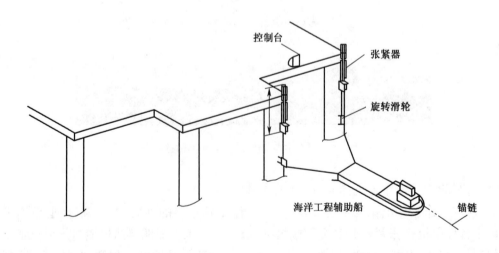

图 4-44　海工辅助船靠泊平台连接示意图(立面图)

第5章
海洋石油勘探发展展望

5.1 海洋油气勘探现状和发展

随着人类社会的发展,产业和生活对能源的需求迅速增长,没有能源就没有人类文明。目前世界主要能源是石油、天然气和煤炭,这些燃料都是在远古形成的,被称为化石燃料,少部分是水力和核能。其他还有风能、太阳能、潮汐能、波浪能等。

海洋是资源的宝库,交通的命脉,是世界各个民族繁衍生息和持续发展的重要场地。正因为如此,也就成为国际政治斗争的重要舞台,而海洋政治斗争的中心,是海洋权益,是争夺海洋水域管理权,海洋资源的归属权,海峡交通的控制权。海洋已经成为各国综合实力竞争的重要内容,特别是海洋能源,海上油气资源的开发,斗争越加激烈。

在能源消费结构中,未来几十年内,石油和天然气仍将是重要的能源消费类别,占能源消费总比仍将达到50%以上。当然,根据节能减排趋势,未来能源结构会发生变化。核电、风电、可再生能源占比会上升,而化石能源仍然是主导能源。目前,全球石油产量的1/3以上来自海洋。近10年来,我国新增石油产量的53%也来自海洋,2010年更是达到85%,足见海洋油气的重要。

全球海洋石油资源量约1350亿吨,探明约380亿吨;海洋天然气资源约140万亿 m^3,探明储量约40万亿 m^3。海洋油气资源主要分布在大陆架,约占全球海洋油气资源的60%,但大陆坡的深水、超深水域的油气资源潜力可观,约占30%。

随着世界各大浅海油田及大陆架油田正在充分地得到开发,而陆上和浅海新发现的油田逐渐减少,陆上和浅海油气产量以每年4%~6%的速度递减。近来新发现的油气田绝大部分来自深水水域。据调查显示,过去的5年,新探明的油气储量25%

来自水深在 120~900m 的水域,75% 来自水深超过 900m 的水域。这就充分说明,各国油气开发逐渐向深海地区推进,从而去获取更好的经济效益。在南美、西非大西洋沿岸、墨西哥湾、北海、巴伦支海以及东南亚、澳大利亚西北大陆架等海域,相继发现了许多大型油气田,其勘探领域已扩展到水深 3000m。尤为瞩目的墨西哥湾、南美和西非大西洋沿岸的深水区已成为目前世界深水油气勘探的最活跃的地区。巴西因为坎波斯盆地、桑托斯盆地的油田和盐下石油的重大发现而扬眉吐气,摇身一变,成为石油输出国。西非几内亚湾地区因 Jubilee 油由和塞拉利昂近海维纳斯井的发现而声名鹊起,成为世界石油开发生产的主要地区之一,也成为世界各国如韩国、印度、美国、英国等公司群雄逐鹿的主战场。据预测,未来世界油气总储量的 44% 将来自海洋的深水区海域,油气远景十分看好。

下图显示的是全球海洋油气资源分布图,参见图 5-1。从图上可以大概看到世界海洋油气的分布情况。

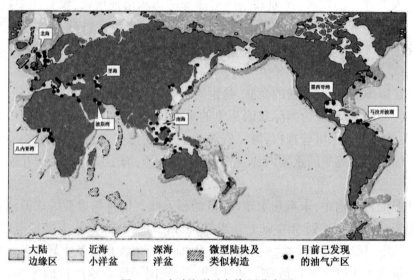

图 5-1   全球海洋油气资源分布图

我国海洋油气资源丰富。根据国家第三次油气资源评价结果,我国海洋石油资源量约 246 亿 t。但海洋石油储量探明量只有 30 亿 t,探明率只有 12.3%。我国海洋天然气资源量 15.79 万亿 m^3。已探明 1.74 万亿 m^3,探明率只有 11%。这就意味着,我们的海洋石油勘探开发有相当的潜力,有许多工作等待我们去做。所以,我们必须加大勘探开发力度,加大投入,才能适应国家能源的需求。

中国海域部分沉积盆地及油气田分布示意图 ,见图 5-2。

图 5-2 中国海域部分沉积盆地及油气田分布示意图

中国海洋油气开采始于 20 世纪 60 年代。到 1980 年代初,中国的海上石油产量不到 10 万 t。20 世纪 80 年代后,实现快速发展。目前,中国海上油气产量约 5000 多万 t,主要集中在渤海、东海和南海,深水油气开采正开始积极突破。

(1)渤海。

渤海总面积约 8 万 km²,是我国内海。辽东半岛南端老铁山角与山东半岛北岸蓬莱角尖的连线即为渤海与黄海的分界线,渤海通过渤海海峡与黄海相通。渤海平均水深 18m,最深处水深 85m,水深在 20m 以下的面积占整个渤海面积的一半以上,属大陆架范围。渤海是我国最早的海上油气勘探基地。早在 60 年代,我国就开始了渤海湾海底石油的勘探工作,相继发现开发了多个油气田。诸如埕北、绥中、渤中、锦州、蓬莱等油气田,年产量约 3000 万 t。图 5-3 表示的是渤海湾油气田的位置示意图。

渤海湾的油气勘探历经几十年的勘探开发,有的油气田已经枯竭,有的也已到了晚期,但广大海油工作者创新挖潜,想方设法使渤海湾的油气勘探焕发出新的活力,继续为国家提供海上油气资源。

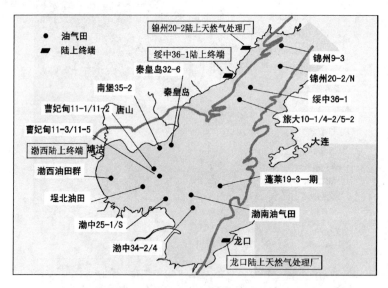

图 5-3　渤海湾油气田分布示意图

(2)黄海。

黄海与东海的分界线是江苏启东的寅阳角和韩国的济州岛西南角的连线。科学家们把黄海分成北黄海和南黄海,北黄海是指山东半岛、辽东半岛和朝鲜半岛之间的半封闭海域,海域面积为 8 万 km²。江苏启东的寅阳角和韩国的济州岛西南角的连线以北的椭圆形半封闭海域,称南黄海,面积为 30 万 km²。这样黄海总面积 38 万 km²,应归我国管辖的 25 万 km²。黄海南北长约 470n mile,东西最宽约 360n mile,全海域都位于大陆架上。经地质调查勘探,黄海共有约 11 万 km² 的沉积盆地,被划分为北黄海盆地、南黄海北部盆地、南黄海南部盆地。见图 5-4。

经中石化、中海油以及合作的外国石油公司多年的地球物理勘查和钻井,到目前为止,虽有少数井有油气显示,但还没有大的突破,工作还在继续。

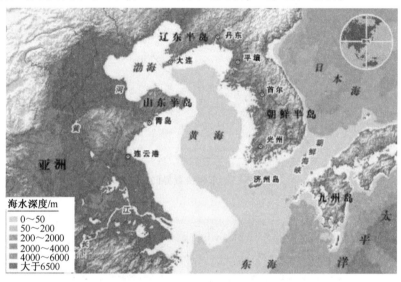

图 5-4　渤海、黄海地理位置图

(3)东海。

图 5-5 显示的是东海界面。东海和黄海的分界线是江苏启东的寅阳角和韩国的济州岛西南角的连线,东海与南海的分界线是广东南澳岛与台湾岛南端的鹅銮岛连线。东海东西宽度在 150~360n mile 之间,南北长约 630n mile,总面积约 77 万 km²。应归我国管辖的 54 万 km²。全海域平均水深 349m,最深处在台湾东北 2322m。东海地形大部分为大陆架,占整个海域的 66%,大陆架的平均水深为 72m。由西向东缓慢下坡。参见图 5-6。

东海的油气勘探

从 20 世纪 70 年代初,我国开始实施东海海域的综合海洋地质调查和油气勘探。经几年勘探研究,初步查明了东海海底地形及地质构造轮廓,圈出了含油气远景有利

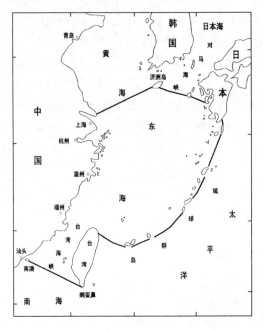

图 5-5　东海位置界面图

图 5-6 东海海底地形图(附右上角为渤海、黄海、东海海底地形全图)

地区,指出了东海寻找油气的方向。东海划分为主要地质构造有两个盆地,即东海陆架盆地、冲绳海槽盆地。在 1980 年在东海实施钻探,先后在东海陆架盆地东部凹陷带的西湖凹陷,西部凹陷带及中部低隆起的瓯江凹陷、长江凹陷、钱塘凹陷钻探了数十口井,先后发现了平湖、天外天、春晓、残雪、断桥等油气田。现已建成两个油气田,即平湖油气田和春晓油气田。为上海和浙江输油供气。

目前,东海的油气勘探还在继续,许多含油气构造还要勘探评价,使之有更多的发现,扩大开采油气储量。

(4)南海。

南海是半闭海。北面与东海的分界线是广东南澳岛与台湾岛南端的鹅銮岛连线,南接爪哇海,西面越南,东邻菲律宾等。总面积 356 万 km²,中国南海断续国界线(九段线)内海域面积 200 万 km²。平均水深 1212m,中部最深水深 5567m。见图 5-7。从图中可以看到,靠近陆地水浅,而南海的中部水比较深。

图 5-8 是我国的南海海域,疆域内分布着几十个岛礁。这些岛礁都位于我国南海断续国界线(九段线)内。

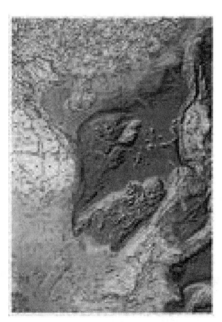

图 5-7 南海海底地形图

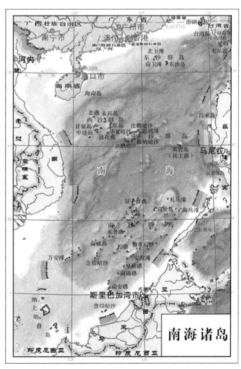

图 5-8 中国南海诸岛

见图 5-9,我们清楚地看到西沙群岛、东沙群岛、中沙群岛、南沙群岛,以及黄岩岛与三沙市政府驻地西沙永兴岛的地理位置。三沙市是海南省管辖的 4 个地级行政区(市)之一,于 2012 年设立,辖西沙群岛、中沙群岛、南沙群岛的岛屿及其海域。

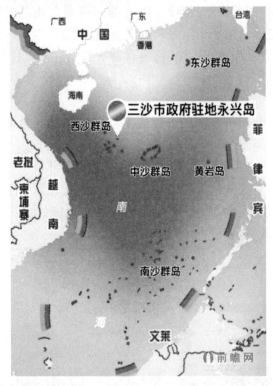

图 5-9　西沙群岛、东沙群岛、中沙群岛、南沙群岛,以及黄岩岛、三沙市政府驻地永兴岛位置图

　　南海的油气勘探开发在我国南海北部的大陆架和我国南沙海域,有着丰富的油气资源,蕴藏量相当于目前我国沿海大陆架油气蕴藏量的 1.5 倍。被称为"第二个波斯湾"。经勘查,主要有十几个油气盆地,200 多个含油气构造区块 。如台西盆地、台西南盆地、珠江口盆地、北部湾盆地、琼东南盆地、莺歌海盆地、中建南盆地、万安盆地、北康盆地、曾母盆地、礼乐盆地、文莱-沙巴盆地、中沙西南盆地、郑和盆地等。

　　图 5-10 显示的是南海油气构造分布示意情况。

　　南海油气储量约 350 亿吨油当量,其中有 230 亿吨分布于我国传统海域内,需要说明的是南海油气资源更好的集中在南沙海域,形成了许多大型油田,多年的勘探实践已经证实了这点。

　　南海蕴藏的可燃冰资源储量乐观,预计达 700 亿吨油当量。此外,南海的矿物资源也十分丰富,已掌握的有 20 余种。

我国从 1970 年起在南海北部进行以油气为主的综合地质、地球物理调查和钻探工作。在北部湾盆地、珠江口盆地获得重大油气资源。建成了几个油气田,如涠洲、文昌、崖城、东方、惠州、陆丰、流花、番禺等油气田。近几年我们又相继发现荔湾、陵水构造,现阶段正在勘探开发。只可惜,南沙群岛我们准备几次去钻井,由于种种原因,都未能成行。但是,我们有理由相信,在不长的时间内,我们一定会去钻井的。

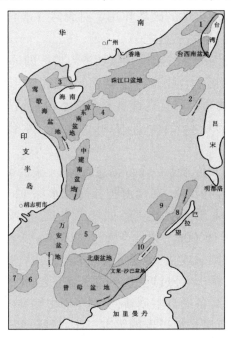

图 5-10　南海油气构造分布示意图

5.2　天然气水合物展望

天然气水合物是另一重要能源,天然气水合物又称"可燃冰",是由水和天然气在高压低温条件下形成的,呈现出结晶状冰态。它是自然界中天然气存在的一种特殊形式,主要分布在水深大于 300m 的海洋及陆地永久冻土带。其中,海洋天然气水合物资源是全球性的,其资源量是陆地冻土带的 100 倍以上。天然气水合物的显著特点是分布广、储量大、高密度、高热值,1m³天然气水合物可以释放出 164m³甲烷气和 0.8m³水。据科学家推测,全球天然气水合物中甲烷的资源总储量是地球上所有已探明石油、天然气、煤炭总量的两倍。这意味着天然气水合物是一种巨大的潜在天然资源。被普遍认为将是 21 世纪替代煤炭、石油和天然气的新型的洁净能源,存在着巨大的商机。

甲烷可能是全球气候变暖、冰期终止和海洋生物灭绝的重要原因之一。海底天然气水合物的分解对全球气候的变化以及海洋生态环境将产生重大影响。水合物的分解可能引发海底天然气的快速释放和沉积层液化,导致海底滑坡、塌陷、海啸等地质灾害,对海洋工程造成毁灭性的破坏作用。对天然气水合物的开发与地质灾害的研究已经成为世界环境科学的热点之一。

据有关专家估计,我国天然气水合物仅西沙海槽区的远景资源量达 45.5 亿吨油当量,而东海陆坡区天然气水合物资源量也有 59 亿吨油当量。继"十二五"期间成功开展多个天然气水合物重点目标区详查和多次水合物钻探工作后,我国将于 2017 年开展海域天然气水合物开采试验。届时,我国天然气水合物勘探将进入一个崭新的发展阶段。

在该书写作修改时,又传来了一个好消息:由国土资源部中国地质调查局组织实施的我国海域天然气水合物试采,在南海神狐海域水深 1266m 海底以下 203～277m 的天然气水合物矿藏开采出天然气。经试气点火,已连续产气 8 天,最高日产量 35000m³/天,平均日产超 16000m³,累计产气超 120000m³ 天然气,产量稳定,甲烷含量最高达 99.5%,试采取得圆满成功,实现了我国天然气水合物研究的历史性突破。中共中央国务院致电祝贺,指出:经过近 20 年的不懈努力,我国取得了天然气水合物勘查开发理论、技术、工程、装备的自主创新,实现了历史性突破。同时也指出海域天然气水合物试采成功只是万里长征迈出的关键一步,后续任务依然艰巨繁重。这说明海域天然气水合物的研发任重而道远,距离商业性的开发还有很长的一段路要走。在天然气水合物勘探开发的过程中,还要首先解决防止天然气水合物的自然崩解、甲烷气的无序泄露等关键技术,以免造成严重的环境问题。

只要我们不断努力,攻克各种艰难险阻,走上商业化的天然气水合物开采道路,这一天一定会到来的,使这一上天留给我们的巨大能源造福人类。

5.3 页岩气展望

我们在展望能源革命时,不能不谈到一个重要的能源—页岩气。页岩气是指主体位于暗色泥页岩或高碳泥页岩中,以吸附或游离状态为主要存在方式的天然气聚集,是天然气生成之后在烃源岩层内就近聚集的结果,表现为典型的"原地"成藏模式。页岩气是目前经济技术条件下天然气工业化勘探的重要领域和目标。页岩气直接影响世界能源的格局,油气价格的涨跌,海洋油气的勘探开发。

全球页岩气资源极其丰富,主要分布于北美、东亚、南美、北非、澳大利亚等国家和地区。据世界能源研究所(WRI)最新研究表明,世界页岩气可采资源量为 203.97 万亿 m³,排名前十位的国家依次为中国、阿根廷、阿尔及利亚、加拿大、美国、墨西哥、澳大利亚、南非、俄罗斯和巴西。投入商业化生产的国家有 4 个——美国、加拿大、中国和阿根廷。

美国的非常规能源革命对世界能源格局冲击很大。回望 2008 年,美国的石油产量一路坠至谷底,最低时日产量只有 500 万桶。然而,随着页岩气产量激增,过去的几年,美国的石油日产量年均增加 100 万桶,这就是美国的页岩气革命。这场革命为整个行业带来了 4 大冲击。首先是大幅度增加了供给,2014 年全球石油消费量只增加了 80 万桶,美国却向市场增供 100 万桶,改变了全球石油供需格局。第二,拓宽了业界对油气资源的认知。页岩在石油地质行业里被归为深油,过去不作为产能考虑,而美国页岩气革命把页岩变成了产能,这是一个巨大的变化。从技术层面看,页岩中 85% ~ 90% 的油气资源被“锁”在其中,而美国非常规油气革命通过水平压裂技术将原来作为“非石油资源”的岩层变成了产层,大幅拓宽了我们对石油资源认识。第三,金融资本在石油工业有了更大的话语权。传统油气行业对资本负债率的控制很严格,因为整个油气的生产周期很长。沙特坚持不减产,主要是针对美国的非常规油气,实际上就是针对美国的金融资本。美国页岩气开发的平均成本由每桶 80USD 降至 60USD,以更低的成本提高产量。第四,就是天然气的价格与石油价格脱钩。当前油价下跌,原因是多方面的。随着页岩气的开发和全球地缘政治局势的缓和,供过于求的现象不会在短期内消除,除非主要产油国携手抑制产能,否则油价会在低油价下维持很长一段时间。

美国页岩气革命的成功似乎给中国一个启示。页岩气能让美国成功摆脱了能源进口靠中东的局面,优化了能源结构,使清洁能源天然气占能源比例提高到 30% 以上。中国页岩气如能实现美国页岩气的产量,或将从根本上改变中国当前不合理的能源结构。

中国页岩气的可采储量高达 30 万亿 m³ 以上,居世界第一。据国土资源部的资料,我国页岩气资源主要分布在四川省、新疆维吾尔自治区、重庆市、贵州省、湖南省、山西省等。这些地区占全国页岩气总资源储量的 68.87%。中国的页岩气勘探开发近几年发展迅速,特别是在四川涪陵页岩气田现累计探明储量为 3806 亿 m³,目前,已累计供气突破 100 亿 m³,成为全球除北美之外最大的页岩气田。这也标志着我国页岩气已加速迈进大规模商业化发展阶段,对促进能源结构调整,加快节能减排和大气污染防治具有重要意义。

《BP2035世界能源展望》预计,未来20年中国天然气产量将保持年均5.1%的增长,其中页岩气是增长的重要推动因素,将在2025—2035年保持年均33%的增长。中国将成为仅次于北美的全球第二大页岩气产区。我们有理由相信,我国一定在不远的将来,成为页岩气生产大国。

5.4　走向深水是我国海洋石油勘探的必由之路

目前,油气资源开发呈现出5大趋势,即从陆地到海洋,从浅水到深水,从浅层到深层,从常规到非常规,从简单到复杂。这些趋势也印证了我国经济发展的轨迹。这几年,我国的海上勘探逐渐向深水迈进,不像前几年只能在近海大陆架不超过300m的水深海域进行勘探作业。现在有了3000m水深的钻井平台、地球物理地震作业船、深水铺管船、深水综合勘察船、深水大马力拖船等装备,使我们向深水进军有了"利器"。我们勘探与生产的水深记录不断刷新,可以说,深水油气勘探开发是我国未来海洋油气发展的必由之路。

但是,在走向深水的进程中,要面对很多的困难和挑战。我国在深水油气勘探开发的自营作业方面起步较晚,还有很长的一段路要走。

与先进国家和地区相比,我们的技术与能力还不够成熟,与世界深水技术的发展相比还存在着一定的差距。反映在管理、理论研究、基础设计、技术、钻井装备、配套、开发等诸多方面。尽管我们已经有了3000m水深的半潜式钻井平台、多缆物探船、深水多功能勘查船、大型深水辅助工程船等装备,但还不能形成有力的系统作战能力,需要继续打造深水施工作业队伍。还有很多技术问题需要我们去探索、研究、解决。目前,世界半潜式作业平台最大作业水深已达3050m。我们还没有达到这一深度。世界铺管的水深纪录是2150m,我们的铺管能力只有150m深。世界油田作业水深已达2960m,而我国的油田作业水深是330m,(2014年中海油与哈斯基能源公司合作开发的一个油田水深达到1300m。)另外,我们的深水是在南海,而南海海底地质环境复杂、滑坡、陡坎、浊流沉积层等各类海底地质环境交错。海况气象方面,南海有内波流,强热带风暴等。海水表面流速和风速接近墨西哥湾的2倍,比西非海域的条件恶劣的多。这些海洋环境,都对深水石油勘探和开发提出了更高的要求。此外,南海油气藏复杂,具有高黏、高凝、高含二氧化碳,有些区块又呈现高温高压,有些含油气构造远离大陆,这些因素对走向深水,提出很大挑战。还有,在深水油气勘探开发中需要的原材料、各种机电配套设备、后勤保障和供应、通信、安全设备等多个领域、多个行业的技术支撑和协助,才能获得成功。不是说有了一座钻井平台,什么问题都解决了。因此,从某种意义上说,海洋石油勘探和开发,也是综合国力的体现。

走向深水,开发海洋经济,除了海洋油气勘探外,深海矿产资源的开发对我国资源需求的保障具有重要意义。海洋是"聚宝盆",有全人类取之不尽用之不竭的巨大财富。海洋中除了石油与天然气和天然气水合物外,还有滨海砂矿、磷钙土、多金属软泥土、多金属结核、富钴结壳、热液硫化物等。这些资源,大都是国防、工农业生产及日常生活必需品的原材料。所以,深海矿产资源的开发就必须提到"开发海洋经济"的重要议程上。加大投入和科研力度,使我国的深海矿产资源的开发上一个新台阶。

在走向深水的进程中,充满着多种机遇和挑战,我们要牢牢抓住有利时机,迎接各种挑战,一代接着一代人去努力实干,只有这样我们才能真正建成世界海洋强国,实现中国梦。

5.5　出台相关政策 加速发展海洋经济

国际形势的复杂多变,能源需求的不断增长,前些年油价不断上涨,人们惊呼看不懂。而近几年,油价不断下跌,相关企业受到严重影响,使许多国家的经济运行下滑。面对国家经济安全的需要,刻不容缓的国家权益的维护,都促使我们必须大力发展海洋油气勘探开发事业。

为了发展海洋经济,国家有关部门陆续出台了相关政策。2010 年出台的《国务院关于加快培育和发展战略性新兴产业的决定》将海洋工程发展列入新兴产业高端装备制造中,对海洋工程的发展给予大力扶持。

根据《十二五期间海洋工程装备发展规划》,在"十二五"期间, 我国海洋工程投入将达 2500~3000 亿元,年均 500 亿人民币以上,市场容量不断扩增,目前,尽管在油价低迷的情况下,但是还是得到发展,而受此带动,一批海洋工程装备相继建成,提升了中国海洋装备行业的技术水平和国际竞争力。

《海洋工程装备制造业中长期发展规划》正式出台。提出未来 10 年发展目标:到 2015 年和 2020 年,年销售收入分别达到 2000 亿元以上和 4000 亿元以上,海洋油气开发装备国际市场份额分别达到 20% 和 35% 以上。这对海洋石油勘探开发战线上的广大职工、技术人员和干部是极大的鼓舞。

当前中国正在推进"一带一路"战略。在实施过程中,能源基础设施建设,必然是亚洲各国和"一带一路"沿线国家合作的重要内容。一批为了发展海洋经济的互联互通项目正在开工建设。

2015年11月3日,《中共中央关于制定国民经济和社会发展第十三个五年规划的建议》发布,明确"十三五"期间要继续推进能源革命,加快能源技术创新,建设清洁低碳、安全高效的现代能源体系。未来5年,中国油气改革已是箭在弦上,并将对未来经济转型产生深远影响。

国家发改委、工信部和能源局发布了《中国制造2025——能源装备实施方案》。

"实施方案"围绕确保能源安全供应、推动清洁能源发展和化石能源清洁高效利用等3方面的内容,确定了15个领域的能源装备发展任务。其中,有深水和非常规油气勘探开发装备、油气储运和输送装备、海上风电装备运输等领域。

"实施方案"提出,2020年前,围绕推动能源革命总体工作部署,实现一批能源清洁低碳和安全高效发展的关键技术装备并开展示范作用:基本形成能源装备自主设计、制造和成套能力,关键部件和原材料基本实现自主化:能源装备制造业成为带动我国产业升级的新增长点。2025年前,新兴能源装备制造业形成具有比较优势的较完善产业体系,总体具有较强国际竞争力,能源装备形成产学研用有机结合的自主创新体系,引领装备制造业转型升级。

工业和信息化部近期印发了《船舶配套产业能力提升行动计划(2016—2020)》。既符合国家战略方向,又很好地抓住了船舶配套业发展的瓶颈问题和关键,对未来的发展具有重要意义。相关企业应当按照国家的规划要求积极行动起来,抓住这一难得的政策机遇,更好地促进我国船舶配套产业的提升。

配套强则造船强,海工强。

2016年6月1日,国家发改委公布了《能源技术革命创新行动计划(2016—2030年)》,明确今后一段时期我国能源技术创新的工作重点、主攻方向以及重点创新行动的时间表和路线图。

其中提出,到2020年能源自主创新能力大幅提升,一批关键技术取得重大突破,能源技术装备、关键部件及材料对外依存度显著降低,我国能源产业国际竞争力明显提升,能源技术创新体系初步形成。

到2030年,建成与国情相适应的完善的能源技术创新体系,能源自主创新能力全面提升。能源技术水平整体达到国际先进水平,支撑我国能源产业与生态环境协调可持续发展,进入世界能源技术强国行列。

《能源技术革命创新行动计划(2016—2020)》部署了15项重点任务。在非常规油气和深层、深海油气开发技术创新方面,提出深入开展页岩油气地质理论及勘探技术、油气藏工程、水平井钻完井、压裂改造技术研究并自主研发钻完井关键装备与材料,完善煤气层勘探开发技术体系,实现页岩油气、煤层气等非常规油气的高效开发,保障产量稳步增长。突破天然气水合物勘探开发基础理论和关键技术,开展先导钻探和试采试验。掌握深层、超深层油气勘探开发关键技术,勘探开发埋深突破8000m领域,形成6000～7000m有效开发成熟技术体系,勘探开发技术水平总体达到国际领先。全面提升深海油气钻采工程技术水平及装备自主建造能力,实现3000m、4000m超深水油气田的自主研发。

2017年5月,中共中央国务院印发《关于深化石油天然气体制改革的若干意见》,明确了深化石油天然气体制改革的指导思想、基本原则、总体思路和主要任务。指出深化石油天然气体制改革的总体思路是——针对石油天然气体制存在的深层次矛盾和问题,深化油气勘查开采、进出口管理、管网运营、生产加工、产品定价体制改革和国有油气企业改革,释放竞争性环节市场活力和骨干油气企业活力,提升资源接续保障能力、国际国内资源利用能力和市场风险防范能力、集约输送和公平服务能力、优质油气产品生产供应能力、油气战略安全保障供应能力、全产业链安全清洁运营能力。通过改革促进油气行业持续健康发展,大幅增加探明资源储量,不断提高资源配置效率,实现安全、高效、创新、绿色,保障安全、保证供应、保护资源、保持市场稳定。该文件部署了八个方面的重点改革任务。

从以上一系列的文件中不难看出,国家对海洋工程的重视。出台这些相关政策、行动计划、意见,目的就是从国家层面对海洋经济的重视,着力加速海洋油气勘探步伐,促进海洋经济的发展。完全可以相信,在不久的将来,我们一定会把我国建成一个名副其实的海洋强国。

后　记

　　这本小册子终于与读者见面了。这本书是在上海交通大学海洋工程国家重点实验室、上海市船舶与海洋工程学会、上海市海洋工程科普基地、海洋出版社等单位的组织和支持下,得以出版。

　　在开始写作时,有关领导和编委会的同志布置给我的任务是写一本有关海洋工程方面的科普读物。读者对象是有关专业的人员、大中学生,以及其他非海洋工程专业人员。

　　近年来,有关海洋石油钻井装备方面的书陆续出版了一批。现在已不像30多年前那样,当时,人们对海洋工程还比较陌生,认知也不多。因为在我国海洋石油钻井技术、装备还处在初期的发展阶段,发展规模也不大。现在随着科学技术的发展,特别是改革开放以来,我国的海洋工程有了突飞猛进的进步,人们对海洋工程的了解和关心也逐渐多了起来。这是十分可喜的事。我们在和朋友、邻里、学生、公园散步碰见聊天的人们,每每谈起海上石油钻井的话题,他们都十分感兴趣,兴致很高,问这问那,提出许多诸如在海上风大浪大的时候,钻井平台怎么打井?船舶在海上有风浪的情况下怎么站得住脚?钓鱼岛问题,南海的石油勘探开发、岛礁建设、油价涨跌等。这说明人们对海上石油勘探开发的关心,能源的供求与个人生活的关联,对国家海洋经济的关注。所以我在想,我们这些在海上搞了大半辈子的海洋石油勘探开发者,应该写些东西,把在海上战风斗浪寻找油气的经历、教训、失败的原因、成功的喜悦写出来,告诉广大读者,让他们一起与我们分享其中的喜怒哀乐,共同分享我国海洋工程发展的成果。

　　写哪方面的内容好呢?经过反复斟酌,宏观上的介绍已不少,介绍海上石油钻井装备的也有一些。所以写一本在海上如何打井的书,从钻井工艺这个角度,把在海上如何施工,各类型式平台的施工特点写出来。这样,读者看了这本小册子后,对海上石油钻井的施工工艺、方法就会有一个大概的了解,也能回答大多数人对海上钻井提出的疑惑。明白海上钻井是怎么回事。

　　我在写这本书的时候,有关领导也指出,这是一本科普读物,尽量用通俗的语言,使大部分人都能看懂。因此,我们在写作时,口语化多了一些,毕竟对于我们这些搞专业的人员,写科普书籍不是行家里手,文字的功底又欠佳,因此写得肯定不够理想,也不一定对路,那只能请大家谅解吧!

借此机会,把我近20年在第一线进行海上石油勘探作业的经历和体会写出来,也是一件幸事。记得,在1970年春,那时还处于"文革"期间,我们接到上级的通知,从全国抽调有关石油勘探工程方面人员,会聚上海,成立工程组,进行"海洋钻"项目的研发工作。当时,条件很差,各方面都不具备,完全是白手起家,我们这些"旱鸭子"对海上石油勘探,知之甚少,也没有见过,怎么下手设计。当时又没有改革开放,没办法,我们只好边学边干。那个时候,国家也没有钱,大部分费用要自己想办法,经过论证,我们就用两条旧货轮改装拼接成一条双体浮式钻井船,拼装好后在南黄海海域作业。由于是一条改装的钻井船,带有试验性质,浮式钻井又缺乏经验,工作中走了不少的弯路,吃了不少的苦,也付出了一定的代价。可是,我们在不断学习和实践当中,逐步对海洋石油钻井有了些认识,对钻井装备,对世界海洋石油勘探的历史与现状有了了解,长了不少知识,这是最为宝贵的财富。后来参与了我国第一艘半潜式钻井平台"勘探三号"的设计、建造工作。并留在平台上工作了十几年,在生产作业第一线,切身体会到在海洋石油钻井平台上工作的"酸甜苦辣"。生活上的艰苦,这是大家所能想到的,与现在的工作、生活条件没法比。主要是我们当时的海洋石油装备和钻井工程技术落后,与国外先进国家相比有很大差距。但是就是在那样的情况下,大家团结一心,众志成城,发扬一不怕苦,二不怕死的精神,攻坚克难,战风斗浪,为国家在海上找到了多个油气田和含油气构造,甚感欣慰。老一辈海油人那一种不忘初心,牺牲自我,战天斗地为国找油找气的精神是永远值得发扬的,是他们参与并创造了海洋石油的辉煌业绩。

现在经过这么多年的努力奋斗,我国的经济实力有目共睹,海洋石油装备和钻井工程技术正如前面谈到的有了很大的发展。现在船舶企业研制的装备不仅满足国内油公司的需求,还为国际油公司、钻井承包商承接订单,研究制造。有一些技术已经达到世界先进水平。钻井工程技术也随着一些新技术的出现,科学技术水平的提高而有了明显的进步。十分振奋人心。

这次有机会通过对一些资料的梳理,把在海上我们工作中的切身体会,成功与失败的经验教训写出来,告诉给年轻的朋友们,特别是对刚走出校门的大学生们,你们在从事海上石油勘探工作时,这些东西或许还是有用的。

这本书的第5章海洋石油勘探发展展望本来未列入写作提纲,后有一些同志建议——在看完海上如何钻井后,顺便从宏观上了解一些国内外的海洋油气勘探情况,与之相关的页岩气、天然气水合物的勘探开发信息以及相关政策,不是很好吗?建议很好,我就简要地作了一些介绍,供读者参阅。

另外,负责本套丛书编纂工作的梁启康先生原是中国船舶工业集团公司第七〇八研究所所长,现为上海市船舶与海洋工程学会科普委员会主任。他热心科普工作,身体力行,编写了多本著作,并辛苦组织审阅了本书。在此,我表示由衷的感谢。上海交通大学的王磊副教授在此书写作过程中,不仅在学术上支持,也在其他方面给予了很多帮助。还有赵敏同志等,在此一并表示感谢。

参 考 文 献

［1］亢峻星．海洋石油勘探［M］．北京：中国石化出版社，2012．第二版．

［2］石油钻采机械行业技术情报网华东石油学院编写．海洋石油钻采设备［M］．北京：第一机械工业部技术情报所编辑出版，1976 年．

［3］海洋石油工程设计指南编委会编著．海洋石油工程深水油气田开发技术［M］．北京：石油工业出版社，2011.

［4］朱江主编．铸海：中国海洋钻井装备飞跃发展 30 年［M］．北京：科学出版社，2015.

［5］上海市造船工程学会海洋工程专业学术委员会编写．船舶行业技术发展报告．海洋工程专题［R］.上海：内部印刷．2008.

［6］上海市造船工程学会海洋工程专业学术委员会．历年学术年会海洋工程专场论文集［C］，上海：内部印刷（2008—2014 年）.

［7］朗·贝克著．石油钻井读本［M］，美国：得克萨斯州奥斯丁市得克萨斯大学．奥斯丁分校进修部．石油培训中心出版 1980 年（第四版）.

［8］美国工程技术协会海洋培训公司编，海洋钻井和采油工艺［M］，吴德盛、薛强译，北京：石油工业出版社，1983.